U0252860

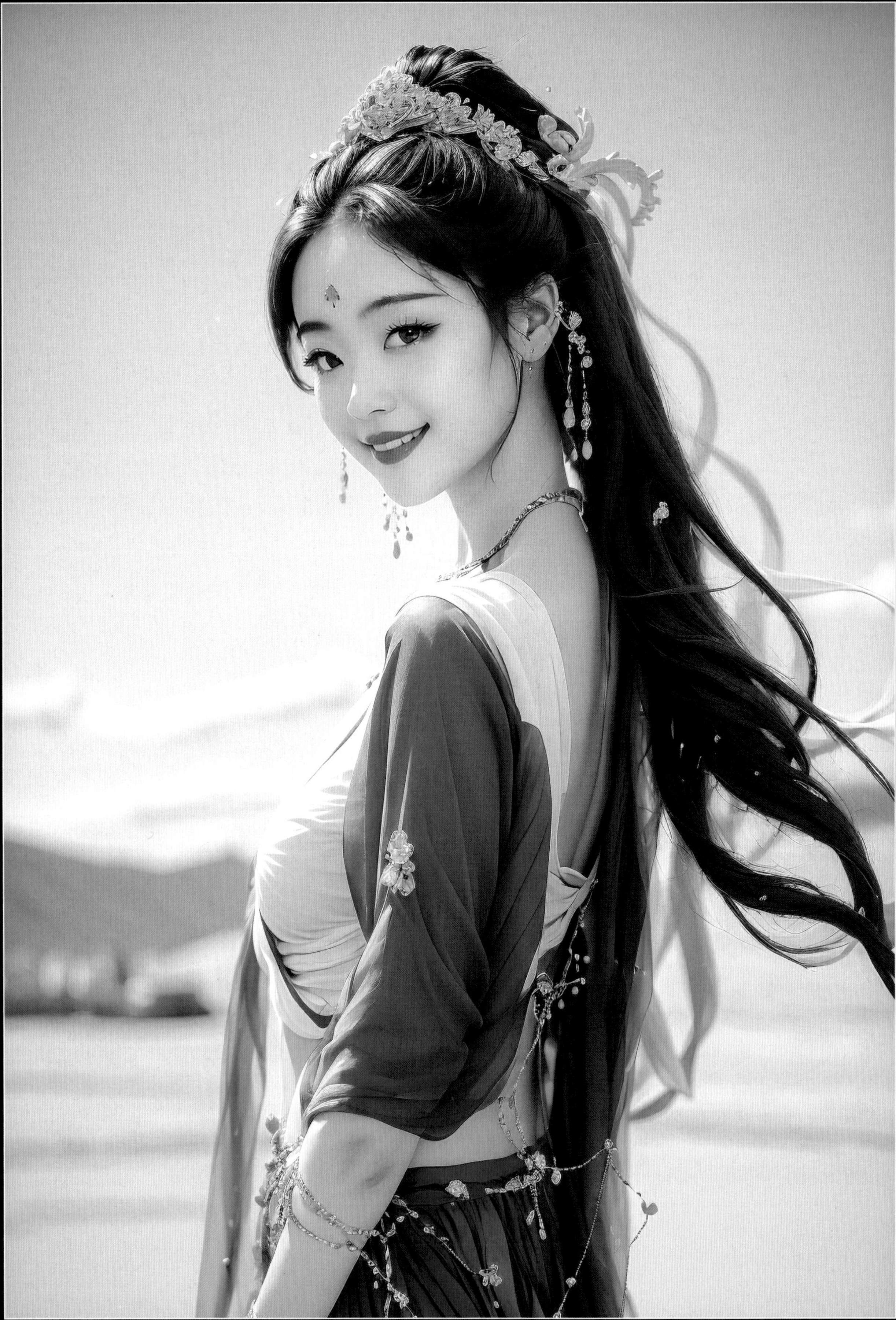

从新手到高手

Stable Diffusion
AI绘画

从新手到高手

来阳 / 编著

清華大學出版社
北 京

内 容 简 介

本书是主讲如何使用 Stable Diffusion 软件的技术手册。全书共 8 章，包含软件界面、文生图、图生图、Lora 模型、ControlNet 应用、OpenPose 应用、3D 骨架模型编辑、ADetailer 应用、AnimateDiff 动画视频生成等内容。

本书结构清晰、内容全面、通俗易懂，而且设计了大量的实用案例，并详细阐述了制作原理及操作步骤，旨在提升读者的软件实际操作能力。另外，本书附带的教学资源内容全面，包括本书所有案例使用的素材文件和教学视频。

本书适合作为高校和培训机构数字媒体艺术专业、视觉传达专业的相关课程培训教材，也可以作为广大 AI 绘画及 AI 视频爱好者的自学参考用书。

图书在版编目 (CIP) 数据

Stable Diffusion AI 绘画从新手到高手 / 来阳编著 .

北京：清华大学出版社，2024. 7. -- (从新手到高手).

ISBN 978-7-302-66867-1

Ⅰ . TP391.413

中国国家版本馆 CIP 数据核字第 2024KQ7267 号

责任编辑： 陈绿春
封面设计： 潘国文
版式设计： 方加青
责任校对： 胡伟民
责任印制： 杨　艳

出版发行： 清华大学出版社

　　　　网　　　址：https://www.tup.com.cn，https://www.wqxuetang.com
　　　　地　　　址：北京清华大学学研大厦 A 座　　　　邮　　编：100084
　　　　社 总 机：010-83470000　　　　邮　　购：010-62786544
　　　　投稿与读者服务：010-62776969，c-service@tup.tsinghua.edu.cn
　　　　质 量 反 馈：010-62772015，zhiliang@tup.tsinghua.edu.cn
印 装 者： 北京博海升彩色印刷有限公司
经　　销： 全国新华书店
开　　本： 188mm×260mm　　　**印　张：** 13.25　　**插　页：** 4　　**字　数：** 490 千字
版　　次： 2024 年 9 月第 1 版　　　**印　次：** 2024 年 9 月第 1 次印刷
定　　价： 89.00 元

产品编号：107414-01

前言 PREFACE

近年来，人工智能技术飞速发展，随着ChatGPT的发布，一大批优秀的人工智能软件蜂拥而来，就连我们身边越来越多的常用软件也开始逐步为用户提供AI功能体验。可以说，现在AI已经彻底融入了人们的生活。作为人工智能领域分支之一的AI绘画技术也在不断更新换代，以Stable Diffusion、Midjourney、文心一格、腾讯智影为代表的优秀AI绘画软件在艺术领域逐步受到了广大艺术家的认可并被广泛关注，越来越多高校的艺术设计类专业也开始探索并逐渐将AI绘画引入课堂教学之中。

提起AI绘画，大多数人可能的第一印象就是使用门槛低、操作简单、易于掌握。甚至可能有人会想，这样一种通过输入文字就能生成图像的软件还需要专业系统的学习吗？说句实话，最初我就是这样认为的。在我刚刚接触Stable Diffusion软件并使用时，我用了一个下午时间生成了几十张角色类的图像之后，我对这个软件的印象就大大改观了。为什么呢？因为这几十张图像几乎没有一张图像是能看的，各种肢体及面部扭曲的图像效果实在是让人感觉不舒服。看着网上别人的AI绘画作品，我不禁陷入了深深的思索中，我意识到必然是我的操作出了很大的问题。于是我悉心求教，认真学习，经历了从生涩到熟练的操作过程，我开始对Stable Diffusion软件慢慢熟悉起来，并且对同类软件的操作技巧也有了一定的认知。毫无疑问，AI绘画软件使用便捷，却并不意味着学习这个软件就可以无师自通，想熟练应用该软件，一定需要花费时间来学习并掌握。

本书的内容主要为Stable Diffusion软件的使用方法，包括使用该软件绘制图像及生成动画视频。通过具体的案例，力求能够快速帮助读者掌握使用Stable Diffusion进行AI绘画的方法及使用技巧，当然读者也可以将本书的知识点应用于其他同类AI绘画软件中。

本书的配套资源包括工程文件及视频教学文件，请扫描下面的二维码进行下载，如果有技术性问题，请扫描下面的技术支持二维码，联系相关人员进行解决。如果在配套资源下载过程中碰到问题，请联系陈老师，联系邮箱：chenlch@tup.tsinghua.edu.cn。

配套资源

技术支持

由于作者时间和精力有限，书中难免有些许不妥之处，还请读者朋友海涵雅正。最后，非常感谢读者朋友选择本书，希望您能在阅读本书之后有所收获。

来阳
2024年7月

CONTENTS 目录

第1章 初识 AI 绘画

1.1 AI绘画概述 ·················· 1
1.2 学习AI绘画的意义 ············· 1
1.3 AI绘画应用领域 ··············· 2
1.4 Stable Diffusion软件界面 ········· 3
   1.4.1 Stable Diffusion模型 ········· 5
   1.4.2 功能选项卡 ··············· 6
   1.4.3 提示词文本框 ············· 7
   1.4.4 "生成"选项卡 ············· 8
   1.4.5 Lora选项卡 ··············· 9

第2章 文生图

2.1 文生图概述 ················· 11
2.2 提示词类型 ················· 12
   2.2.1 正向提示词 ·············· 12
   2.2.2 反向提示词 ·············· 13
   2.2.3 嵌入式（T.I.Embedding）····· 14
   2.2.4 提示词权重 ·············· 14
2.3 Stable Diffusion模型 ··········· 14
   2.3.1 Disney Pixar Cartoon Type A ····· 15
   2.3.2 AniVerse ··············· 15

   2.3.3 majicMIX realistic 麦橘写实 ········ 16
   2.3.4 RealCartoon3D ················ 16
   2.3.5 DreamShaper ················· 17
   2.3.6 ArchitectureRealMix ············ 17
   2.3.7 城市设计大模型UrbanDesign ······· 17
   2.3.8 填色大师Coloring_master_anime ····· 17
2.4 技术实例 ··················· 18
   2.4.1 实例：绘制皮克斯动画风格女孩 ····· 18
   2.4.2 实例：绘制机械装甲女孩 ·········· 21
   2.4.3 实例：绘制写实男性虚拟角色 ······· 24
   2.4.4 实例：绘制可爱的动物角色 ········ 26
   2.4.5 实例：绘制色彩斑斓的女孩 ········ 29
   2.4.6 实例：绘制乘坐地铁的女孩 ········ 31
   2.4.7 实例：绘制楼房景观效果图 ········ 34
   2.4.8 实例：绘制小区景观效果图 ········ 37

第3章 图生图

3.1 图生图概述 ··················· 41
3.2 上传参考图 ··················· 41
   3.2.1 重绘幅度 ················· 41
   3.2.2 涂鸦 ··················· 42
   3.3.3 局部重绘 ················· 43
3.3 PNG图片信息 ·················· 43
3.4 WD1.4标签器 ·················· 44
3.5 技术实例 ····················· 45
   3.5.1 实例：使用"图生图"更改画面的风格 ··· 45

3.5.2　实例：使用"涂鸦"增加画面的内容 ···47

3.5.3　实例：使用"上传重绘蒙版"修改画面内容 ················50

3.5.4　实例：使用"局部重绘"更换角色的服装 ·················53

第 4 章　Lora 模型

4.1　Lora概述 ·······························56

4.2　Lora模型 ·······························57

4.2.1　暗香 ······························58

4.2.2　OC ·······························58

4.2.3　涂鸦海报漫画风格 ···········59

4.2.4　中国传统建筑样式苏州园林 ·········59

4.2.5　室内设计-北欧奶油风 ·················60

4.2.6　墨心 ······························60

4.3　技术实例 ································61

4.3.1　实例：绘制写实古装女性角色 ·······61

4.3.2　实例：绘制三维动画风格角色 ···66

4.3.3　实例：绘制涂鸦海报风格角色 ···70

4.3.4　实例：绘制工笔画风格角色 ·········74

4.3.5　实例：绘制童话城堡场景 ···79

4.3.6　实例：绘制园林景观效果图 ·········83

4.3.7　实例：绘制北欧风格卧室效果图 ·····87

4.3.8　实例：绘制产品表现图像 ·········91

4.3.9　实例：绘制鸟瞰效果图中的配景 ···94

第 5 章　ControlNet 应用

5.1　ControlNet概述 ·····················99

5.2　ControlNet卷展栏 ·················99

5.3　OpenPose编辑器 ·················102

5.4　3D骨架模型编辑 ·················105

5.5　技术实例 ·····························106

5.5.1　实例：根据照片设置角色的动作 ··· 106

5.5.2　实例：使用OpenPose编辑器设置角色动作 ·················112

5.5.3　实例：使用3D骨架模型编辑设置角色动作及手势 ················· 118

5.5.4　实例：绘制剪纸风格文字海报 ·····124

5.5.5　实例：根据照片绘制建筑线稿图 ···130

5.5.6　实例：根据渲染图绘制产品表现效果图 ·················· 136

第 6 章　ADetailer 应用

6.1　ADetailer概述 ·····················142

6.2　After Detailer模型 ···············143

6.3　后期处理 ·····························143

6.4　技术实例 ·····························144

6.4.1　实例：修复角色的面部细节 ·······144

6.4.2　实例：绘制水彩风格角色 ·······148

6.4.3　实例：绘制二维风格角色 ···········152

第 7 章　制作 AI 视频动画

7.1　AI视频概述 ·························155

7.2　安装AnimateDiff ···············155

7.3　安装Deforum ·····················159

7.4　技术实例 ···························162

7.4.1 实例：在AnimateDiff中使用提示词制作
女孩微笑动画 ························ 162

7.4.2 实例：在AnimateDiff中使用提示词进行
驱动关键帧动画 ·················· 165

7.4.3 实例：在AnimateDiff中将拍摄的视频进
行风格转换 ······················· 168

7.4.4 实例：在AnimateDiff中使用Lora模型控
制镜头运动 ······················· 172

7.4.5 实例：在Deforum中使用提示词制作场
景变换动画 ······················· 175

7.4.6 实例：在Deforum中制作眨眼睛的女孩
动画 ······························· 181

第 8 章　ComfyUI 工作流

8.1 ComfyUI概述 ······························ 187

8.2 ComfyUI界面 ······························ 187

8.3 综合实例：在ComfyUI中绘制盲盒角色 ···· 189

8.3.1 搭建标准文生图工作流 ············· 189

8.3.2 补充高分辨率修复工作流 ·········· 194

8.3.3 补充Lora模型工作流 ················ 197

8.4 综合实例：在ComfyUI中制作视频动画 ···· 199

8.4.1 搭建文生视频工作流 ················ 200

8.4.2 使用文生视频工作流来生成视频 ··· 202

8.4.3 使用图生图对序列帧进行重绘 ······ 203

第1章
初识 AI 绘画

本章导读
本章介绍人工智能绘画的概念、历史及相关软件。
学习要点
了解什么是人工智能绘画。
熟悉Stable Diffusion软件界面。

1.1
AI 绘画概述

　　人工智能绘画（Artificial Intelligence Painting，AI绘画）最早可追溯于20世纪70年代哈罗德·科恩与计算机程序艾伦控制实体机械手臂所进行的绘画创作。经过半个多世纪的发展，随着深度学习理论、预训练模型、生成算法及计算机硬件大幅提升等多方面因素的影响下，终于催生了AI绘画技术的全面爆发，进而出现了以Stable Diffusion、Midjourney、文心一格、腾讯智影等为代表的一大批优秀的人工智能绘画软件如雨后春笋般出现在人们面前。那么什么是AI绘画呢？AI绘画通常指使用人工智能技术生成的具备多种表现风格的绘画作品。图1-1~图1-4所示为使用Stable Diffusion绘制的不同风格的女孩角色形象。

图1-1

图1-2

图1-3

图1-4

1.2
学习 AI 绘画的意义

　　AI绘画的普及代表着一种全新的艺术作品表现形式的出现，就像传统的国画、油画、水彩画等，这种使用计算机生成的艺术作品也有着其特殊的艺术魅力，如图1-5所示。不可否认，使用AI绘画可以显著提高文创设计、游戏艺术等领域的工作效率，对于一些文字工作者来说，以使用输入文本的方式来生成一些有趣的插图可以将纯文本的内容变得更加具象化。AI绘画的本质仍然是以人为主导来进行的一项艺术创作，作为一种新兴的艺术形式，AI绘画目前发展迅猛，相信在不久的未来，AI绘画就像摄影一样可以形成一种新的艺术门类。

与传统绘画相比，AI绘画可以在很短的时间内根据艺术家输入的一些提示词及图片素材来生成大量图像，这种绘画的形式不但减轻了艺术家的工作负担，还可以为其提供丰富的创作灵感及素材来源。不可否认的是，目前AI绘画所生成的图像误差较多，如果希望得到较为满意的图像效果，则需要我们在软件中不断调整提示词并尝试进行大量的图像生成，以期在众多的图像作品中择优选用。

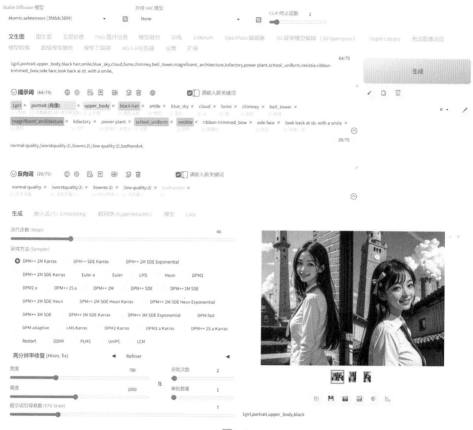

图1-5

1.3
AI 绘画应用领域

AI绘画作为一项全新的艺术创作形式，可以应用在虚拟角色设计、海报制作、游戏美术、室内设计、建筑表现、园林景观及艺术创作等多个领域。图1-6~图1-12所示均为使用Stable Diffusion绘制出来的AI绘画作品。

图1-6

图1-7

图1-8

图1-9

图1-10

图1-11

图1-12

1.4
Stable Diffusion 软件界面

Stable Diffusion由Stability AI公司发布，是一款可以在消费级GPU上快速生成高质量图像的AI绘画软件。Stable Diffusion可以安装在本地计算机上，如果读者拥有一台带有性能强劲显卡的计算机，则可以使用这台计算机进行AI绘画图像计算。另外，相比购买一台高性能计算机来说，读者还可以选择付费给第三方公司，使用其云部署的软件来进行AI图像的绘画。

根据官方说明，在个人计算机上安装Stable Diffusion较为复杂，个人比较推荐直接安装Stable Diffusion WebUI 整合包，如bilibili 知名UP主秋叶aaaki发布的绘世启动器，如图1-13所示。单击页面上右下角的"一键启动"按钮后，即可在网页浏览器中打开Stable Diffusion软件界面，如图1-14所示。需要注意的是，本地安装Stable Diffusion软件完成后，还需要读者单独去Civitai模型网站下载大量模型素材，并将模型复制至软件提示的文件夹内才能使用。

图1-13

图1-14

读者还可以选择使用云部署Stable Diffusion软件的第三方公司所提供的产品来进行AI绘画创作，如网易AI设计工坊，如图1-15所示。单击页面上下方的"开始创作"按钮后，即可在网页浏览器中打开Stable Diffusion WebUI 软件界面，如图1-16所示。

图1-15

图1-16

1.4.1　Stable Diffusion 模型

当我们使用Stable Diffusion进行AI绘画时，第一步需要我们先选择合适的Stable Diffusion模型，Stable Diffusion模型也被称为主模型、大模型、底模型或Checkpoint模型。Stable Diffusion模型会对AI绘画作品的内容及效果起到决定性作用，例如当用户要生成一张人物角色的AI绘画作品时，需要先选择相关的人物角色模型，如果用户选择的是一个建筑模型，则很难得到较为满意的图像，甚至可能会得到较为混乱的图像结果。

在输入提示词之前，用户选择合适的Stable Diffusion模型显得尤为重要。Stable Diffusion的一个重要优势就在于其可以使用成百上千的开源模型，用户可以通过Civitai、吐司、哩布哩布等网站下载AI绘画爱好者所制作的各类模型，这些模型文件通常都比较大，一般为2GB~7GB，如图1-17所示。所以本地安装Stable Diffusion之后，读者还应考虑预留一定的硬盘空间用于存储这些模型文件。

图1-17

对于选择本地安装的用户来说，Stable Diffusion模型通常需要放置在软件根目录的models\Stable-diffusion文件夹中。用户将下载完成的Stable Diffusion模型文件复制至Stable-diffusion文件夹后，即可在网页页面顶端左侧的"Stable Diffusion模型"下拉列表中选择这些模型，如图1-18所示。用户也可以在"模型"选项卡中选择这些下载的模型，如图1-19所示。

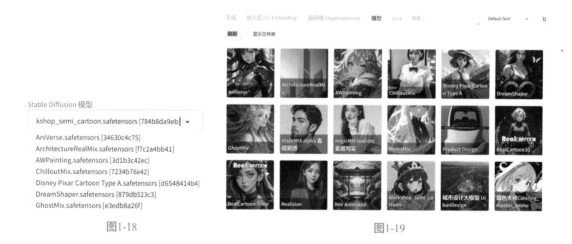

图1-18　　　　　　　　　　　　　　　　　　　　　　　　图1-19

技巧与提示

下载好的模型一定要配一张该模型作者绘制的图片，图片的名称与模型名称应保持一致，这样Stable Diffusion可以将该图片当作对应模型的缩略图显示出来。

本书使用的大部分模型均可在Civitai网站和哩布哩布网站进行下载，另外，为了方便读者在Civitai网站查找这些模型，本书模型的名称均为模型作者对该模型的命名。

1.4.2　功能选项卡

功能选项卡汇集了Stable Diffusion的各种功能，以秋叶aaaki发布的绘世启动器为例，功能选项卡共分为文生图、图生图、后期处理、PNG图片信息、模型融合、训练、无边图像浏览、模型转换、超级模型融合、模型工具箱、WD1.4标签器、设置和扩展几部分，如图1-20所示。

文生图　图生图　后期处理　PNG 图片信息　模型融合　训练　无边图像浏览　模型转换　超级模型融合　模型工具箱

WD 1.4 标签器　设置　扩展

图1-20

安装好Stable Diffusion后，读者还可以选择安装一些Stable Diffusion的扩展应用插件，有些插件可以更好地控制角色的身体姿势、手势及面容，并且还可以进行AI视频的创作。在"扩展"选项卡中，用户可以单击"加载扩展列表"按钮，在下方显示出来的扩展程序列表中选择更多的扩展应用进行安装，如图1-21所示。

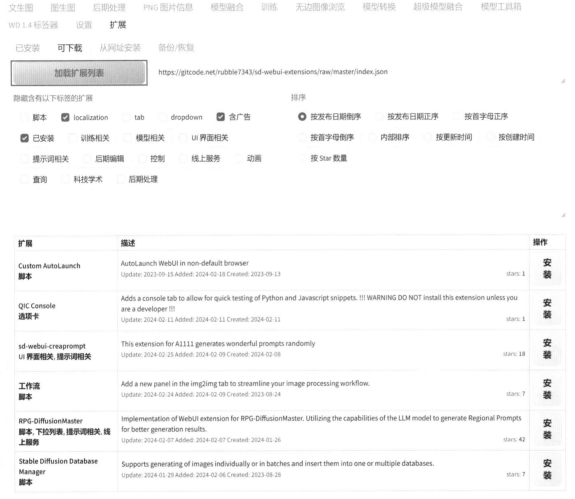

图1-21

1.4.3 提示词文本框

Stable Diffusion目前仅支持英文，即用户需要在提示词文本框内输入英文才可以正确地进行AI绘画，提示词文本框下方按不同分类提供了大量的中英文对照选项，其中几乎涵盖了大部分常用提示词，如图1-22所示。

图1-22

1.4.4 "生成"选项卡

"生成"选项卡主要用于设置有关图像生成的一些参数,如图1-23所示。

图1-23

● 工具解析

迭代步数：Stable Diffusion生成图像的步骤是从一个充满噪点的画布开始慢慢创建完成整个图像，然后进行去噪处理以得到最终完成效果，迭代步数则用于控制去噪过程的步数，该值默认为20。

采样方法：计算图像的采样方法，通常使用默认的采样方法"DPM++2M Karras"即可，其他的采样方法则可以参考不同模型作者给出的说明来选择使用。

宽度：设置生成图像的宽度。

高度：设置生成图像的高度。

总批次数：设置生成图像的总批次数。

单批数量：设置一次生成图像的数量，最终生成的图像数量取决于单批数量×总批次数的值。

提示词引导系数：设置提示词对于图像的影响程度。

随机数种子：设置随机值。

技巧与提示

　　早期很多的Stable Diffusion模型是基于512×512像素的图片进行训练的，所以当用户期望生成1024×1024像素或更高数值图像分辨率的图像时，Stable Diffusion会试图将3或4幅图像的内容一起嵌入到AI绘画作品中，这样当我们创作较大尺寸的图像时，常常会生成较为明显的图像拼接错误效果。例如，当我们创作1536×1536像素的方形室内效果图时，较容易生成2或3个平层出现在一张图里的效果，且图像的拼接效果非常明显，如图1-24所示。而我们将图像分辨率变更为1016×592像素后，则可以有效避免出现多个平层出现在一张图里的效果，如图1-25所示。

图1-24　　　　　　　　　　　　　　　图1-25

1.4.5　Lora 选项卡

　　Lora模型常常用于画面微调，该模型的文件通常较小，大约为10MB~300MB，必须与Stable Diffusion模型搭配使用。对于选择本地安装的用户来说，Lora模型通常需要放置在软件根目录的models\Lora文件夹中，如图1-26所示。

图1-26

用户将下载完成的Lora模型文件复制至Lora文件夹后，即可在网页页面下方的Lora选项卡中选择这些模型，如图1-27所示。

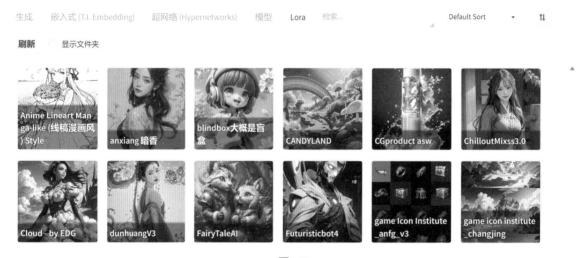

图1-27

第 2 章
文生图

本章导读

本章讲解如何在Stable Diffusion中输入提示词来绘制图像。

学习要点

提示词的类型。

如何输入提示词。

绘制虚拟角色。

绘制场景效果图。

2.1
文生图概述

　　文生图即以文字描述来生成图像，这种人工智能技术是目前所有AI绘画软件的基本功能之一。这些文字描述在各AI绘画软件中又被称为提示词、创意、关键词、咒语等，是用来生成图像的关键指令。在Stable Diffusion中，文字描述被称为提示词，目前仅支持英文，提示词之间需要使用英文输入法下的逗号隔开。提示词可以是一个单词、一个词组，也可以是一句话，提示词用来告诉人工智能我们的意图，所以提示词是否正确将直接影响AI软件的绘画内容。对于某些模型来说，必须使用固定的提示词才能触发对应的效果，这样的提示词也被称为触发词，触发词往往是固定的单词或词组，且不可以是其他近义词或同义词，所以如果读者想要深入掌握AI绘画软件，则必须要熟记常用的一定数量的提示词。图2-1~图2-3所示为分别使用1girl（1个女孩）、2girls（2个女孩）和3girls（3个女孩）3个提示词得到的图像结果。

图2-1　　　　　　　　　　　图2-2　　　　　　　　　　　图2-3

2.2 提示词类型

提起人工智能绘画的文生图技术，很多人都会觉得学习这一技术的门槛较低，实则不然，要想得到与自己心里期望较为一致的图像，需要使用者熟悉并掌握大量的相关专业提示词。例如人物角色作品、室内设计作品、建筑表现作品需要的提示词都是不同的，如何正确用词是我们能够较快得到满意图像的关键。

在Stable Diffusion中，提示词分为正向提示词（Prompt）和反向提示词（Negative Prompt），用户可以分别在对应的文本框内输入正向提示词和反向提示词来控制图像的内容，如图2-4所示。

图2-4

2.2.1 正向提示词

正向提示词用于描述图像里将要包含的内容，例如输入中文"鸭子，池塘，荷叶"。翻译过来的英文为"duck,pond,lotus leaf,"，如图2-5所示。这些提示词生成的图像如图2-6和图2-7所示。

图2-5

图2-6

图2-7

我们也可以将上述提示词连成一句话："鸭子在有荷叶的池塘里"。翻译过来的英文为"ducks in a pond with lotus leaves,"，如图2-8所示。这些提示词所生成的图像如图2-9和图2-10所示。通过对比可以看出，提示词无论是一句话还是多个单词，所得到的图像结果均较为相似。

图2-8

图2-9   图2-10

2.2.2 反向提示词

反向提示词用于设置图像中不希望出现的内容。观察我们刚刚使用提示词"educk,pondel,lotus leaf,（鸭子，池塘，荷叶）"生成的图像，由于使用了"lotus leaf（荷叶）"，所以生成的图像中不但有荷叶，还有一些荷花出现。如果我们希望图像里面没有荷花，则可以通过输入反向提示词来实现。我们可以在反向提示词文本框内输入中文"荷花"，翻译过来的英文是"lotus,"，如图2-11所示。重新生成AI作品，得到如图2-12和2-13所示的图像结果，我们可以看到这两幅作品中都没有出现荷花。

图2-11

图2-12   图2-13

2.2.3 嵌入式(T.I.Embedding)

嵌入式模型是提示词的补充,在"嵌入式(T.I.Embedding)"选项卡中,可以看到这里有一些嵌入式模型,使用这些模型可以极大地降低图像出错的概率,用户可以根据这些模型上面的说明来将其添加至正向提示词或者反向提示词中,如图2-14所示。

图2-14

2.2.4 提示词权重

用户可以通过对提示词增加或减少权重来控制图像中某一内容在生成画面中存在的比重。当我们将光标放置在某一提示词上时,Stable Diffusion会显示出用于控制该提示词的一些图标,如图2-15所示。

图2-15

● **工具解析**

- : 用于降低所选提示词的权重,每单击一次降低0.1,降低0.1后的提示词显示结果为(提示词:0.9)。

+ : 用于增加所选提示词的权重,每单击一次增加0.1,增加0.1后的提示词显示结果为(提示词:1.1)。

: 每层()增加1.1倍的提示词权重效果,增加3层()后的提示词显示结果为(((提示词)))。

: 单击一次消除所选提示词一层()。

: 每层[]降低0.9倍的提示词权重,增加3层[]后的提示词显示结果为[[[提示词]]]。

: 单击一次消除所选提示词一层[]。

: 提示词换行,换行不影响权重。

: 将输入的中文提示词翻译为英文。

: 复制提示词。

: 收藏提示词。

: 添加到黑名单。

: 禁用所选提示词。

2.3
Stable Diffusion 模型

Stable Diffusion模型也被称为主模型、大模型、底模型或Checkpoint模型,是用户进行AI绘画时设置的第一个参数。Stable Diffusion模型多种多样，在Civitai网站（https://civitai.com/）上有着大量AI绘画爱好者上传的Stable Diffusion模型。下载好的Checkpoint模型需要用户自己配一张使用该模型生成的图片作为模型的缩略图，这样可以方便我们快速查找所需要的模型，如图2-16所示。在学习本章实例之前，可以先了解Civitai网站中较为优秀的Stable Diffusion模型。

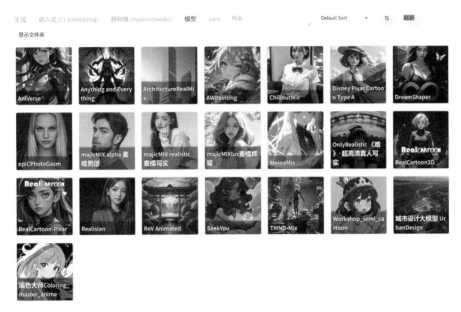

图2-16

2.3.1 Disney Pixar Cartoon Type A

"Disney Pixar Cartoon Type A"模型是由网名为"PromptSharingSamaritan"的作者上传的，用于绘制迪士尼皮克斯动画风格的动漫角色形象，如图2-17所示。

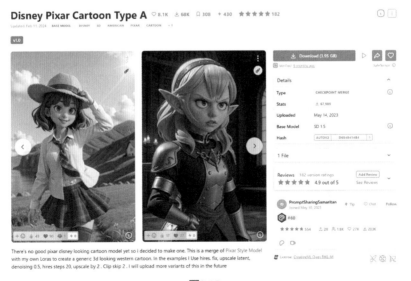

图2-17

2.3.2 AniVerse

"AniVerse"模型是由网名为"Samael1976"的作者上传的，用于绘制多种风格的角色形象，如图2-18所示。

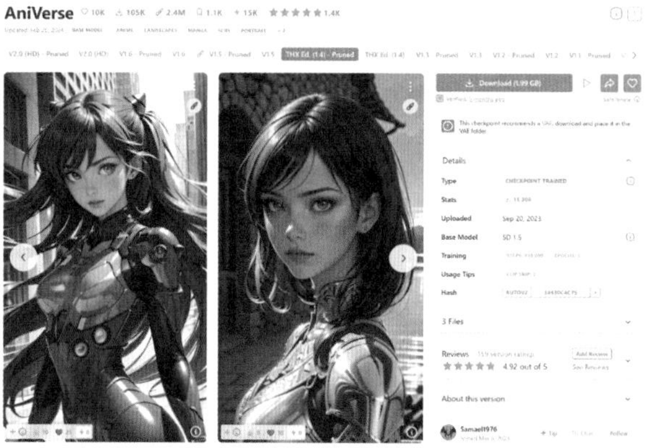

图2-18

2.3.3　majicMIX realistic 麦橘写实

"majicMIX realistic 麦橘写实"模型是由网名为"Merjic"的作者上传的，用于绘制写实风格的女性角色形象，如图2-19所示。该模型作者推荐的"采样方法"有Euler a、Euler、restart。"迭代步数"为20~40，并可配合插件"After Detailer"进行脸部修复。

图2-19

2.3.4　RealCartoon3D

"RealCartoon3D"模型是由网名为"7whitefire7"的作者上传的，用于绘制3D卡通风格的角色形象，如图2-20所示。

图2-20

2.3.5 DreamShaper

"DreamShaper"模型是由网名为"Lykon"的作者上传的,用于绘制虚拟角色、产品及场景等效果,如图2-21所示。

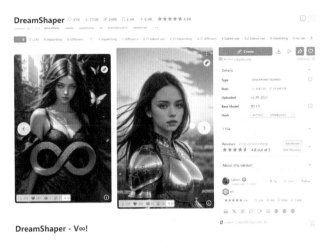

DreamShaper - V∞!

图2-21

2.3.6 ArchitectureRealMix

"ArchitectureRealMix"模型是由网名为"laizhende"的作者上传的,是一款写实风格的建筑大模型,常常用于绘制室内、建筑、城市及园林景观等效果,如图2-22所示。该模型建议出图尺寸为768×512像素。

图2-22

2.3.7 城市设计大模型 UrbanDesign

"城市设计大模型UrbanDesign"模型是由网名为"樊川"的作者上传的,是一款写实风格的城市相关要素大模型,常用于绘制城市、小区及园林景观等效果,如图2-23所示。该模型建议出图可以生成尺寸较大的图像,长边为768像素以上。

2.3.8 填色大师 Coloring_master_anime

"填色大师Coloring_master_anime"模型是由

图2-23

网名为"Mysterious_Master_k"的作者上传的,是一款偏向二维平面色块风格的大模型,绘制出来的图像效果很适合用于临摹练习马克笔上色,如图2-24所示。该模型作者建议的"采样方式"为"DPM++ 2M Karras","放大算法"建议使用"R-ESRGAN 4x+ Anime6B"。

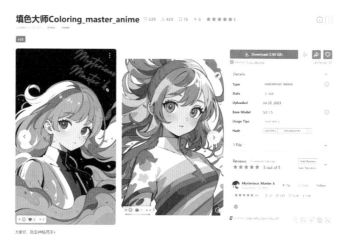

图2-24

技巧与提示

Stable Diffusion模型非常多,限于篇幅,本书仅介绍了其中较为常用的几种模型,读者在阅读本书的其他章节时还会接触到更多的Stable Diffusion模型。

2.4
技术实例

2.4.1 实例:绘制皮克斯动画风格女孩

本实例为读者详细讲解如何使用文生图来绘制皮克斯动画风格的女孩图像,图2-25所示为本实例制作完成的图像结果。需要注意的是,由于人工智能绘制的随机性特点,即使输入相同的提示词也不会得到与本实例一模一样的图像结果,但是可以得到风格较为相似的图像结果。

图2-25

01 在"模型"选项卡中，单击"Disney Pixar Cartoon Type A"模型，如图2-26所示，将其设置为"Stable Diffusion 模型"。

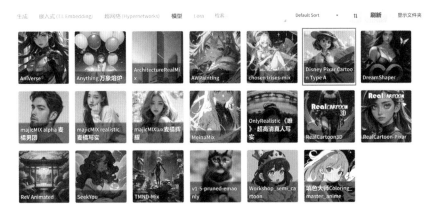

图2-26

02 设置"外挂VAE模型"为"vae-ft-mse-840000-ema-pruned.safetensors"，并在"文生图"选项卡中输入中文提示词"1女孩，微笑，格子领带，红色格子，红裙子，白色衬衫，手表，黑色头发，斜挎包，户外，植物，山脉，杰作，最好质量"后，按Enter键则可以生成对应的英文"1girl,smile,plaid_necktie,red grid,red_skirt,white shirt,wristwatch,black hair,messenger_bag,outdoors,plant,mountain,masterpiece,best quality,"，如图2-27所示。

图2-27

技巧与提示

　　由于Stable Diffusion单机版和在线版内置的翻译软件不同，所以本书中所有案例的提示词应以英文为准，读者输入中文提示词后需要再仔细核对生成的英文提示词。

03 在"嵌入式（T.I.Embedding）"卷展栏中，单击"badhandv4"和"ng_deepnegative_v1_75t"模型，如图2-28所示，将其添加至反向词文本框中，如图2-29所示。

图2-28

badhandv4,ng_deepnegative_v1_75t,

图2-29

04 在ADetailer卷展栏中勾选"启用After Detailer"复选框，如图2-30所示。

图2-30

05 在"生成"选项卡中，设置"迭代步数（Steps）"为30、"高分迭代步数"为20、"放大倍数"为1.5、"宽度"为700、"高度"为1000、"总批次数"为4，如图2-31所示。

图2-31

06 设置完成后，绘制出来的效果如图2-32所示。

图2-32

技巧与提示

　　"Disney Pixar Cartoon Type A模型"的作者提示：该模型需配合"外挂VAE模型"使用，如设置"外挂VAE模型"为None（无），会得到颜色偏灰的图像，如图2-33所示。

图2-33

2.4.2　实例：绘制机械装甲女孩

　　AI绘画可以根据文字快速生成图像，尤其是在一些角色的设计上可以给设计师提供一定的创作灵感。本实例为读者详细讲解如何使用文生图绘制穿着机械装甲的女孩角色图像，图2-34所示为本实例制作完成的图像效果。

图2-34

01 在"模型"选项卡中，单击"AniVerse"模型，如图2-35所示，将其设置为"Stable Diffusion模型"。

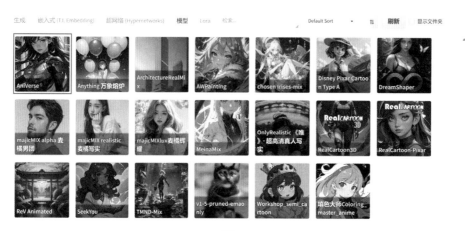

图2-35

02 设置"外挂VAE模型"为None（无），并输入中文提示词"1女孩，黑色头发，长发，上半身，阳光，城市"，按Enter键，即可将其翻译为英文"1girl,black hair,long hair,upper_body,suneate,city,"，并自动填入正向提示词文本框内，如图2-36所示。

03 补充英文提示词"dressing high detailed Evangelion red suit"，翻译成中文为"着装高细节新世纪福音战士红色套装"，如图2-37所示。使用该提示词可以绘制出类似该动画片角色服装风格的衣服效果。

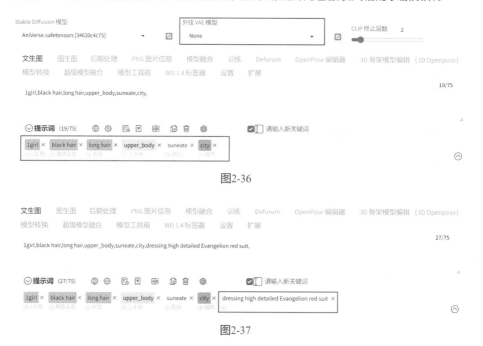

图2-36

图2-37

技巧与提示

读者可以尝试分别使用该模型作者提供的提示词来得到不同风格的机械装甲效果。例如，dressing high detailed Evangelion red suit（着装高细节新世纪福音战士红色套装），dressing high detailed Evangelion white suit（着装高细节新世纪福音战士白色套装），in spiderman suit（蜘蛛侠套装），medieval gold armor（中世纪黄金盔甲）。

此外，当我们使用作者提供的英文提示词时，直接使用英文更为准确。

---

04 在"嵌入式（T.I.Embedding）"卷展栏中，单击"badhandv4"和"ng_deepnegative_v1_75t"模型，如图2-38所示，将其添加至反向词文本框中，如图2-39所示。

图2-38

badhandv4,ng_deepnegative_v1_75t,

151/225

反向词 (151/225)

请输入新关键词

badhandv4 ×   ng_deepnegative_v1_75t ×

图2-39

05 在"生成"选项卡中,设置"迭代步数(Steps)"为40、"高分迭代步数"为20、"放大倍数"为2、"宽度"为512、"高度"为768、"总批次数"为4,如图2-40所示。

图2-40

06 设置完成后,生成的图像结果如图2-41所示,可以看到这些图像的效果基本符合之前所输入的提示词。

图2-41

07 在反向词文本框内输入"正常质量，最差质量，低质量，低分辨率"，按Enter键，即可将其翻译为英文"normal quality,worstquality,low quality,lowres,"，并提高这些反向提示词的权重，如图2-42所示。

badhandv4,ng_deepnegative_v1_75t,(normal quality:2),(worstquality:2),(low quality:2),(lowres:2),

⊙ 反向词 (164/225) ⊕ ⚙ 🗐 🔖 🗄 🗐 🗑   ☑ 🗐 请输入新关键词

badhandv4 ×   ng_deepnegative_v1_75t ×   (normal quality:2) ×   (worstquality:2) ×   (low quality:2) ×   (lowres:2) ×   ⌄

图2-42

08 设置完成后，重绘图像，生成的图像结果如图2-43所示，可以看到画面中角色的面容及衣服的细节有了明显的质量提升。

图2-43

2.4.3　实例：绘制写实男性虚拟角色

使用Stable Diffusion配合合适的模型可以绘制出非常写实的人物角色，本实例为读者讲解如何创建一个男性角色所需的提示词，图2-44所示为本实例制作完成的图像结果。

01 在"模型"选项卡中，单击"majicMIX alpha 麦橘男团"模型，如图2-45所示，将其设置为"Stable Diffusion模型"。

02 设置"外挂VAE模型"为None（无），并输入中文提示词"男生，黑色头发，微笑，侧脸，灰色背景，上半身，T恤，大块肌肉"后，按Enter键则可以生成对应的英文"schoolboy,black hair,smile,side face,grey_background,upper_body,t-shirt,large muscle mass,"，如图2-46所示。

图2-44

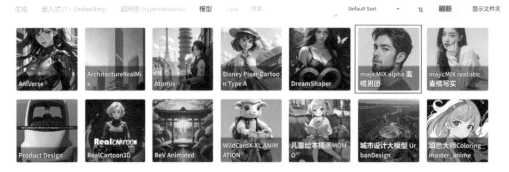

图2-45

Stable Diffusion 模型
majicMIX alpha 麦橘男团.safetensors [5547e5a...

外挂 VAE 模型
None

CLIP 终止层数 2

文生图 图生图 后期处理 PNG 图片信息 模型融合 训练 Deforum OpenPose 编辑器 3D 骨架模型编辑 (3D Openpose)
模型转换 超级模型融合 模型工具箱 WD 1.4 标签器 设置 扩展

42/75

schoolboy,black hair,smile,side face,grey_background,upper_body,t-shirt,large muscle mass,

提示词 (27/75)　　　　　　　　　　　　　　✔️ 请输入新关键词

schoolboy × | black hair × | smile × | side face × | grey_background × | upper_body × | t-shirt × | large muscle mass ×

图2-46

03 在"生成"选项卡中,设置"迭代步数(Steps)"为30、"高分迭代步数"为20、"放大倍数"为2、"宽度"为512、"高度"为768、"总批次数"为4,如图2-47所示。

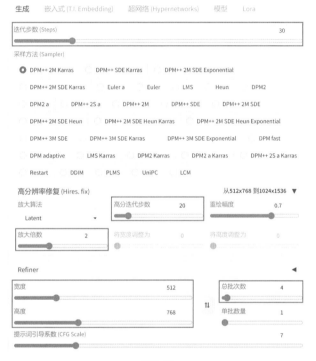

图2-47

04 设置完成后,生成的图像结果如图2-48所示,可以看到这些图像的效果基本符合之前所输入的提示词,但是角色的皮肤看起来缺乏细节。

图2-48

05 在"嵌入式（T.I.Embedding）"卷展栏中，单击"badhandv4"和"ng_deepnegative_v1_75t"模型，如图2-49所示，将其添加至反向词文本框中。在反向词文本框内补充提示词"正常质量，最差质量，低质量，低分辨率"，按Enter键，即可将其翻译为英文"normal quality,worstquality,low quality,lowres,"，并提高这些反向提示词的权重，如图2-50所示。

图2-49

badhandv4,ng_deepnegative_v1_75t,(normal quality:2),(worstquality:2),(low quality:2),(lowres:2),

164/225

图2-50

06 设置完成后，绘制出来的效果如图2-51所示。可以看到这4幅图像中无论是角色的皮肤质感还是服装上的细节均提升了许多。

图2-51

2.4.4 实例：绘制可爱的动物角色

本实例为读者讲解如何创建一个可爱动物角色所需要的提示词，图2-52所示为本实例制作完成的图像结果。

01 在"模型"选项卡中，单击"WildCardX-XL ANIMATION"模型，如图2-53所示，将其设置为"Stable Diffusion模型"。

图2-52

图2-53

> **技巧与提示**
>
> 读者需注意，如果该模型的名称中有XL字样，说明该模型可以直接绘制更大尺寸的图像，同时，这类模型的文件大小通常也更大，并且需要更高性能的计算机来支持。

02 设置"外挂VAE模型"为None（无），并输入中文提示词"一只骑摩托车的狮子，非常可爱，微笑，3D blender 渲染，微型，物理渲染，塑料质感，浅蓝色背景"后，按Enter键则可以生成对应的英文"a lion riding a motorcycle,very cute,smile,3d blender rendering,microa,physical rendering,plastic texture,light_blue_background，"，如图2-54所示。

图2-54

03 在反向词文本框内输入"正常质量，最差质量，低质量，低分辨率"，按Enter键，即可将其翻译为英文"normal quality,worstquality,low quality,lowres，"，并提高这些反向提示词的权重，如图2-55所示。

图2-55

04 在"生成"选项卡中，设置"迭代步数（Steps）"为30、"宽度"为700、"高度"为1000、"总批次数"为2，如图2-56所示。

05 设置完成后，绘制出来的效果如图2-57所示，可以看到这些图像的效果基本符合之前所输入的提示词。

06 将"一只骑摩托车的狮子"一词删除，补充正向提示词"一只骑摩托车的斑马"，对应的英文为"a zebra riding a motorcycle"，如图2-58所示。

07 设置完成后，重绘图像，绘制出来的效果如图2-59所示，读者可以观察新添加提示词对画面的改变效果。

生成　　嵌入式 (T.I. Embedding)　　超网络 (Hypernetworks)　　模型　　Lora

迭代步数 (Steps)　　　　　　　　　　　　　　　　　　　　　　　　　30

采样方法 (Sampler)

○ DPM++ 2M Karras　　　DPM++ SDE Karras　　　DPM++ 2M SDE Exponential

　DPM++ 2M SDE Karras　　Euler a　　　Euler　　　LMS　　　Heun　　　DPM2

　DPM2 a　　　DPM++ 2S a　　　DPM++ 2M　　　DPM++ SDE　　　DPM++ 2M SDE

　DPM++ 2M SDE Heun　　　DPM++ 2M SDE Heun Karras　　　DPM++ 2M SDE Heun Exponential

　DPM++ 3M SDE　　　DPM++ 3M SDE Karras　　　DPM++ 3M SDE Exponential　　　DPM fast

　DPM adaptive　　　LMS Karras　　　DPM2 Karras　　　DPM2 a Karras　　　DPM++ 2S a Karras

　Restart　　　DDIM　　　PLMS　　　UniPC　　　LCM

高分辨率修复 (Hires. fix)　　　　◄　　Refiner　　　　　　　◄

| 宽度 | 700 | | 总批次数 | 2 |
| 高度 | 1000 | ⇅ | 单批数量 | 1 |

提示词引导系数 (CFG Scale)　　　　　　　　　　　　　　　　7

图2-56

图2-57

Stable Diffusion 模型　　　　　　　　外挂 VAE 模型　　　　　　　　　　CLIP 终止层数　　2
WildCardX-XL ANIMATION.safetensors [14049b0 ▾　　None　　　　　▾

文生图　　图生图　　后期处理　　PNG 图片信息　　模型融合　　训练　　Deforum　　OpenPose 编辑器　　3D 骨架模型编辑 （3D Openpose）
模型转换　　超级模型融合　　模型工具箱　　WD 1.4 标签器　　设置　　扩展

very cute,smile,3d blender rendering,microa,physical rendering,plastic texture,light_blue_background,a zebra riding a motorcycle,

31/75

⌄ 提示词 (31/75)　　　　　　　　　　　　　　　　☑ 请输入新关键词

very cute ×　smile ×　3d blender rendering ×　microa ×　physical rendering ×　plastic texture ×　light_blue_background ×　　a zebra riding a motorcycle ×
非常可爱　微笑　三维散合渲染　微拉　物理渲染　塑料质感　浅蓝色背景　　一只骑摩托车的斑马
13/75

(normal quality:2),(worstquality:2),(low quality:2),(lowres:2),

⌄ 反向词 (13/75)　　　　　　　　　　　　　　　　☑ 请输入新关键词

(normal quality:2) ×　(worstquality:2) ×　(low quality:2) ×　(lowres:2) ×
正常质量　最差质量　低质量　低分辨率

图2-58

图2-59

2.4.5 实例：绘制色彩斑斓的女孩

本实例为读者讲解如何创建一个色彩斑斓的二维女孩形象，图2-60所示为本实例制作完成的图像结果。

01 在"模型"选项卡中，单击"填色大师Coloring_master_anime"模型，如图2-61所示，将其设置为"Stable Diffusion模型"。

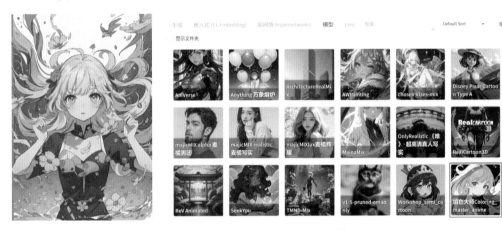

图2-60　　　　　　　　　　　　　　　　图2-61

02 设置"外挂VAE模型"为None（无），并输入中文提示词"1女孩，单人，最好质量，多彩，上半身，面向观众，2D，杰作"后，按Enter键则可以生成对应的英文"1girl,solo,best quality,colorful,upper_body,facing the audience,2D,masterpiece，"，如图2-62所示。

图2-62

图2-63

03 在"嵌入式（T.I.Embedding）"卷展栏中，单击"badhandv4""EasyNegativeV2"和"ng_deepnegative_ v1_75t"模型，如图2-63所示，将其添加至反向词文本框中，如图2-64所示。

图2-64

04 在"生成"选项卡中，设置"迭代步数（Steps）"为30、"高分迭代步数"为20、"放大倍数"为1.5、 "宽度"为700、"高度"为1000、"总批次数"为4，如图2-65所示。

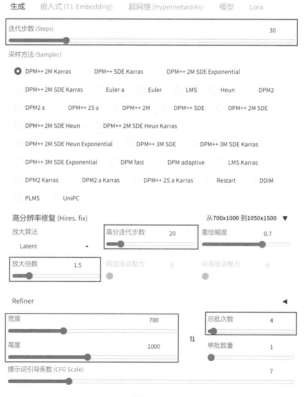

图2-65

05 设置完成后，绘制出来的效果如图2-66所示，可以看到这些图像的效果基本符合之前所输入的提示词。

图2-66

06 现在补充正向提示词"浮动在多彩的水中",翻译为英文"floating in colorful water",如图2-67所示。

图2-67

07 设置完成后,绘制出来的效果如图2-68所示,可以看到这4幅图像中的色彩丰富了许多。

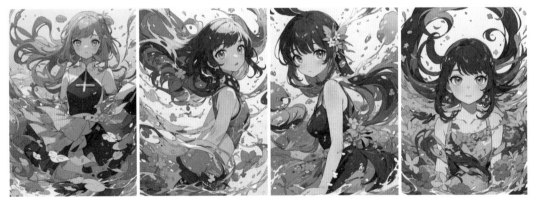

图2-68

2.4.6　实例：绘制乘坐地铁的女孩

本实例为读者详细讲解如何使用文生图绘制乘坐地铁的女孩角色图像,图2-69所示为本实例制作完成的图像结果。

01 在"模型"选项卡中,单击"RealCartoon3D"模型,如图2-70所示,将其设置为"Stable Diffusion模型"。

02 设置"外挂VAE模型"为None(无),并在"文生图"选项卡中输入中文提示词"一个微笑的穿短裤的女孩坐在地铁座位上,黑色头发,格子花纹衬衣,耳机,蝴蝶结,窗外有雨"后,按Enter键则可以生成对应的英文"a smiling girl wearing shorts is sitting on a subway seat,black hair,checkered shirt,headphones,ribbon-trimmed_bow,rain outside the window,",如图2-71所示。

图2-69   图2-70

图2-71

03 在"嵌入式(T.I.Embedding)"卷展栏中,单击"badhandv4""EasyNegativeV2"和"ng_deepnegative_v1_75t"模型,如图2-72所示,将其添加至反向词文本框中,如图2-73所示。

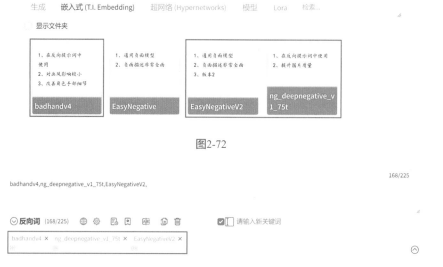

图2-72

图2-73

04 在"生成"选项卡中，设置"迭代步数（Steps）"为50、"高分迭代步数"为20、"放大倍数"为2、"宽度"为512、"高度"为768、"总批次数"为4，如图2-74所示。

图2-74

05 设置完成后，绘制出来的效果如图2-75所示，可以看到这些图像的效果基本符合之前所输入的提示词。

图2-75

06 在反向词文本框内输入"正常质量，最差质量，低质量，低分辨率"，按Enter键，即可将其翻译为英文"normal quality,worstquality,low quality,lowres,"，并提高这些反向提示词的权重，如图2-76所示。

07 设置完成后，绘制出来的效果如图2-77所示，可以看到整个图像的质量提升了许多。

Stable Diffusion 模型　　　　　　　　　外挂 VAE 模型　　　　　　　　　CLIP 终止层数　　2

RealCartoon3D.safetensors [80d1c3064a]　　　None

文生图　图生图　后期处理　PNG图片信息　模型融合　训练　Deforum　OpenPose 编辑器　3D 骨架模型编辑（3D Openpose）
模型转换　超级模型融合　模型工具箱　WD 1.4 标签器　设置　扩展

a smiling girl wearing shorts is sitting on a subway seat,black hair,checkered shirt,headphones,ribbon-trimmed_bow,rain outside the window,　　　32/75

提示词 (32/75)　☑ 请输入新关键词

a smiling girl wearing shorts is sitting on a subway seat ×　black hair ×　checkered shirt ×　headphones ×　ribbon-trimmed_bow ×　rain outside the window ×　181/225

badhandv4,ng_deepnegative_v1_75t,EasyNegativeV2,(normal quality:2),(worstquality:1.8),(low quality:2),(lowres:2),

反向词 (181/225)　☑ 请输入新关键词

badhandv4 ×　ng_deepnegative_v1_75t ×　EasyNegativeV2 ×　(normal quality:2) ×　(worstquality:1.8) ×　(low quality:2) ×　(lowres:2) ×

图2-76

图2-77

2.4.7　实例：绘制楼房景观效果图

AI绘画不仅可以以文生图的方式绘制出各种各样的角色，还可以绘制出极具未来科幻色彩的楼房景观效果。本实例为读者详细讲解如何使用文生图绘制楼房景观效果图，图2-78所示为本实例制作完成的图像结果。

图2-78

01 在"模型"选项卡中，单击"城市设计大模型 UrbanDesign"模型，如图2-79所示，将其设置为"Stable Diffusion模型"。

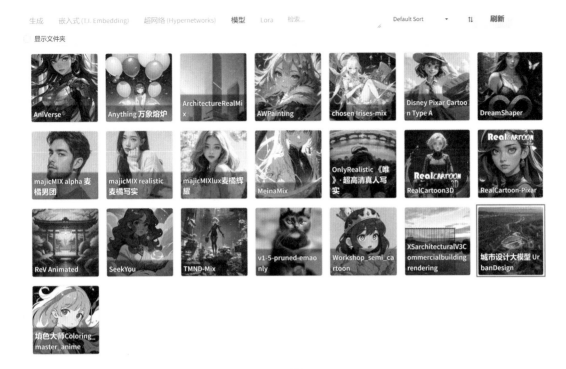

图2-79

02 设置"外挂VAE模型"为None，并输入中文提示词"高楼，喷泉，蓝天，景观，云，弧形建筑，树，花"，按Enter键，即可将其翻译为英文"high-rises,fountain,blue_sky,landscape,cloud,arc-shaped architecture,tree,flower,"，并自动填入正向提示词文本框内，如图2-80所示。

图2-80

03 在"生成"选项卡中，设置"迭代步数（Steps）"为50、"高分迭代步数"为20、"放大倍数"为1.5、"宽度"为700、"高度"为1000、"总批次数"为4，如图2-81所示。

04 设置完成后，绘制出来的效果如图2-82所示，可以看到这些图像的效果基本符合之前所输入的提示词。

05 现在补充正向提示词"夜景"，翻译为英文"night view,"，如图2-83所示。

06 再次重新绘制图像，如图2-84所示，可以看到增加了"夜景"提示词后的效果图变为了夜景效果。

图2-81

图2-82

图2-83

图2-84

2.4.8 实例：绘制小区景观效果图

本实例为读者详细讲解如何使用文生图绘制多幅小区日景的效果图，图2-85所示为本实例制作完成的图像结果。读者学习本章时，可以对比上一章中提示词的变化。

图2-85

01 在"模型"选项卡中，单击"城市设计大模型UrbanDesign"模型，如图2-86所示，将其设置为"Stable Diffusion模型"。

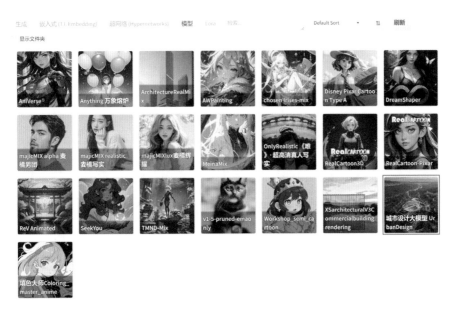

图2-86

02 设置"外挂VAE模型"为None，并输入中文提示词"多层楼房，树，水池，喷泉，云朵，花，白天，阳光，自行车"，按Enter键，即可将其翻译为英文"multi story buildings,tree,pool,fountain,clouble,flower,day,suneate,bicycle,"，并自动填入正向词文本框内，如图2-87所示。

图2-87

03 在反向词文本框内输入中文提示词"高楼"后，按Enter键则可以生成对应的英文"high-rise"，如图2-88所示。

图2-88

04 在"生成"选项卡中，设置"迭代步数（Steps）"为50、"高分迭代步数"为20、"放大倍数"为1.5、"宽度"为1000、"高度"为700、"总批次数"为4，如图2-89所示。

05 设置完成后，绘制出来的效果如图2-90所示，可以看到这些图像的效果基本符合之前所输入的提示词，场景也中没有出现特别高的建筑。

06 现在补充正向提示词"木制建筑，花，薰衣草"，翻译为英文"wooden buildings,flower,lavender,"，如图2-91所示。

图2-89

图2-90

图2-91

07 再次重新绘制图像，这次得到的图像可以看出建筑外立面的材质变化以及场景中明显多了许多花朵，如图2-92所示。

图2-92

第 3 章

图生图

本章导读

本章讲解如何在Stable Diffusion中使用图像来生成图像的方法。

学习要点

图生图的应用。

更改图像的风格。

对图像的局部进行重新绘制。

3.1
图生图概述

学习了文生图这一方法后，相信读者已经感受到在AI绘画软件里使用文生图来绘制图像的魅力。本章我们来一起学习使用现有图像来生成新图像的技术，简称图生图。图生图可以使用一张现有的图像来控制画面的构图、角色的大概姿势或者更换现有图片的艺术风格。图生图的工作方式与文生图有所区别，其原理是在初始图像的基础上添加噪点，再根据用户输入的提示词进行修改去噪以绘制出新的图像。图3-1所示为使用图生图技术绘制出来的新旧图像对比，我们可以看出这两幅图像的风格差异较为明显，但是表现内容却极为相近。

图3-1

3.2
上传参考图

图生图需要用户上传一张参考图，Stable Diffusion会根据参考图进行重新绘制。

3.2.1　重绘幅度

使用图生图来绘制图像时，图像变化的幅度主要取决于"重绘幅度"，"重绘幅度"的取值范围一般为0~1，有些在线版本的取值范围则为0.1~1。当该值为0.3或低于0.3时，生成的图像与原图的差别较为微小，该值越大，图像的变化也就越大。图3-2所示为使用文生图绘制出来的女孩角色。图3-3~图3-6所示分别为基于该图像将"重绘幅度"设置为0.3、0.6、0.8和1之后所生成的图像效果。

图3-2

图3-3

图3-4

图3-5

图3-6

3.2.2 涂鸦

涂鸦是指使用画笔工具在原始图像上涂抹不同的颜色，Stable Diffusion
在进行图生图时所生成的内容会受到这些颜色信息的影响。图3-7所示的图像
为原图，将其导入"涂鸦"下方的文本框内，并使用画笔工具在图像上绘制出
不同的颜色，使用Stable Diffusion即可基于这些颜色的形状重新绘制出新的内
容，仔细观察这些花的颜色，可以发现与涂鸦的颜色有一定的关联性，如图3-8
所示。

图3-7

图3-8

使用画笔工具涂鸦时，将光标放置于画布上方左侧的感叹号图标上，即可弹出有关操作的提示，如图3-9所示。

图3-9

3.3.3　局部重绘

局部重绘，顾名思义，就是在Stable Diffusion中将画面的局部进行重新绘制，常常用于修改画面中的一些细小错误以及不合适的地方。图3-10所示的图像为原图，将其导入"局部重绘"下方的文本框内，并使用画笔工具绘制出半透明的白色区域，即可根据新输入的提示词对绘制的半透明白色区域进行重绘，改变角色身上的服装，得到如图3-11所示的图像效果。

图3-10

1girl,smile,suneate,upper_body,flower,in the park,skirt_removed,
Steps: 20, Sampler: DPM++ 2M Karras, CFG scale: 7, Seed: 1652426387, Size: 1496x1048, Model hash:
34630c4c75, Model: AniVerse, VAE hash: 735e4c3a44, VAE: vae-ft-mse-840000-ema-pruned.safetensors,
Denoising strength: 0.8, Clip skip: 2, Mask blur: 4, Version: v1.6.0-2-g4afaaf8a
用时 12.2 sec.

图3-11

3.3
PNG 图片信息

在"PNG图片信息"选项卡中，Stable Diffusion可以根据用户上传的图片推算出该图片所使用的提示词及模型，如图3-12所示。

图3-12

3.4
WD1.4 标签器

　　"WD1.4标签器"选项卡的功能与"PNG图片信息"选项卡的功能较为相似，也是根据用户上传的图像来反推其蕴含的信息，如图3-13所示。

图3-13

3.5
技术实例

3.5.1 实例：使用"图生图"更改画面的风格

　　本实例通过将一张写实风格的图像转为卡通风格的图像来详细讲解图生图的使用方法。图3-14所示为本实例使用文生图绘制出的原始AI虚拟角色图像，图3-15所示为重新绘制完成的图像结果。

图3-14　　　　　　　　　　　　图3-15

01 在"生成"选项卡中的"图生图"选项卡中，上传一张"参考图1.png"图像文件，这是一张写实风格的AI虚拟女性角色图像，如图3-16所示。

图3-16

02 在"模型"选项卡中，单击"AWPainting"模型，如图3-17所示，将其设置为"Stable Diffusion模型"。

03 设置"外挂VAE模型"为None（无），并输入中文提示词"1女孩，微笑，阳光，上半身，在公园里，T恤"，按Enter键，即可将其翻译为英文"1girl,smile,suneate,upper_body,in the park,t-shirt,"，并自动填入正向提示词文本框内，如图3-18所示。

图3-17

图3-18

技巧与提示

　　在本实例中，图生图的提示词最好与上传的图像描述相符合，因为我们是通过图生图改变图像的风格，而不是改变图像的内容。

---

04 在"生成"选项卡中，设置"迭代步数（Steps）"为30、"宽度"为1048、"高度"为1496、"总批次数"为4、"重绘幅度"为0.7，如图3-19所示。

缩放模式

◉ 仅调整大小　　裁剪后缩放　　缩放后填充空白　　调整大小 (潜空间放大)

迭代步数 (Steps)　　　　　　　　　　　　　　　　　　　　30

采样方法 (Sampler)

◉ DPM++ 2M Karras　　DPM++ SDE Karras　　DPM++ 2M SDE Exponential

DPM++ 2M SDE Karras　　Euler a　　Euler　　LMS　　Heun　　DPM2

DPM2 a　　DPM++ 2S a　　DPM++ 2M　　DPM++ SDE　　DPM++ 2M SDE

DPM++ 2M SDE Heun　　DPM++ 2M SDE Heun Karras　　DPM++ 2M SDE Heun Exponential

DPM++ 3M SDE　　DPM++ 3M SDE Karras　　DPM++ 3M SDE Exponential　　DPM fast

DPM adaptive　　LMS Karras　　DPM2 Karras　　DPM2 a Karras

DPM++ 2S a Karras　　Restart　　DDIM　　PLMS　　UniPC

Refiner ◀

重绘尺寸　　重绘尺寸倍数

宽度　　　1048　　　　⇅　　总批次数　　4

高度　　　1496　　　　　　　单批数量　　1

提示词引导系数 (CFG Scale)　　　　　　　　　　　　7

重绘幅度　　　　　　　　　　　　　　　　　0.7

随机数种子 (Seed)

-1

图3-19

> **技巧与提示**
>
> 　在本实例中，重绘尺寸的"宽度"和"高度"值取决于上传原始图像的尺寸值。

05 设置完成后，绘制出来的效果如图3-20所示，可以看到这些图像的效果基本符合之前所输入的提示词，并且图像中角色的姿势及面部表情也基本与上传的图像保持一致。

图3-20

3.5.2　实例：使用"涂鸦"增加画面的内容

　本实例为读者详细讲解如何使用图生图增加画面中的内容，图3-21所示为本实例所使用的原始图像，

图3-22所示为重新绘制完成的图像结果。

图3-21

图3-22

01 在"生成"选项卡中的"涂鸦"选项卡中,上传一张"参考图2.png"图像文件,这是一张三维风格的女孩角色图像,如图3-23所示。

图3-23

02 在"模型"选项卡中,单击"RealCartoon-Pixar"模型,如图3-24所示,将其设置为"Stable Diffusion模型"。

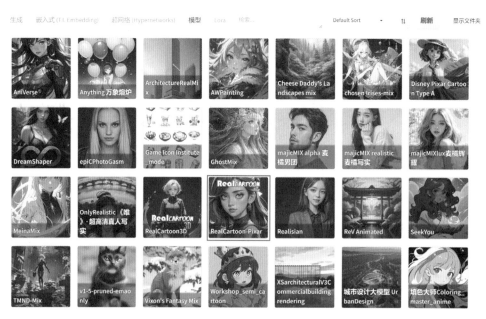
图3-24

03 设置"外挂VAE模型"为None（无），并输入中文提示词"1女孩，微笑，上半身，在公园里，衬衫，夜晚，霓虹灯光，多彩的花"，按Enter键，即可将其翻译为英文"1girl,smile,upper_body,in the park,shirt,night,neon light,colorful flowers,"，并自动填入正向提示词文本框内，如图3-25所示。

图3-25

04 在"涂鸦"选项卡中，使用不同颜色的画笔在图像的左下角涂抹颜色，如图3-26所示。

05 在"生成"选项卡中，设置"迭代步数（Steps）"为30、"宽度"为1496、"高度"为1048、"总批次数"为1、"重绘幅度"为0.75，如图3-27所示。

图3-26　　　　　　　　　　　　　　　　　　　图3-27

06 单击"生成"按钮，绘制出来的图像效果如图3-28所示，可以看到涂色的地方变成了一些相应颜色的花朵。

07 本实例的最终重绘效果如图3-29所示。

图3-28　　　　　　　　　　　　　　　　　　　　　　　　　图3-29

3.5.3　实例：使用"上传重绘蒙版"修改画面内容

通过上一实例，可以看出使用"涂鸦"增加画面内容后，会对原图像的其他地方也进行一定程度的重绘。本实例为读者详细讲解"上传重绘蒙版"的使用方法，使用该方法仅对蒙版区域进行重绘，保证原图的其他区域不会产生变化。图3-30所示为本实例所使用的原始图像，图3-31所示为重新绘制完成的图像结果。

01 在"生成"选项卡中的"上传重绘蒙版"选项卡中，上传一张"参考图3.png"和一张"蒙版.png"图像文件，这是一张三维风格的女孩角色图像和一张黑白蒙版图，如图3-32所示。

图3-30　　　　　　　　　　　　　　　　　图3-31

图3-32

技巧与提示

蒙版图可以使用其他绘图软件制作，黑色区域不会被修改，白色区域的地方将会被重绘。

02 在"模型"选项卡中，单击"RealCartoon-Pixar"模型，如图3-33所示，将其设置为"Stable Diffusion模型"。

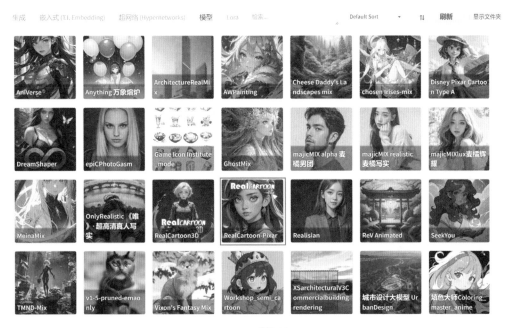

图3-33

03 设置"外挂VAE模型"为None（无），并输入中文提示词"1女孩，微笑，上半身，在公园里，衬衫，夜晚，霓虹灯光，路灯，多彩的花"，按Enter键，即可将其翻译为英文"1girl,smile,upper_body,in the park,shirt,night,neon light,lamppost,colorful flowers,"，并自动填入正向提示词文本框内，如图3-34所示。

图3-34

04 在"生成"选项卡中，设置"蒙版边缘模糊度"为10、"蒙版模式"为"重绘蒙版内容"、"重绘区域"为"仅蒙版区域"、"迭代步数（Steps）"为30、"宽度"为1496、"高度"为1048、"总批次数"为1、"重绘幅度"为0.9，如图3-35所示。

图3-35

05 单击"生成"按钮，绘制出来的效果如图3-36所示，可以看到蒙版上白色区域的图像发生了变化。

图3-36

06 本实例的最终重绘效果如图3-37所示。

图3-37

3.5.4 实例：使用"局部重绘"更换角色的服装

本实例详细讲解如何使用"局部重绘"更换角色的服装。图3-38所示为本实例所使用的原始图像，图3-39所示为重绘后的图像结果。

图3-38   图3-39

01 在"生成"选项卡中的"局部重绘"选项卡中，上传一张"参考图4.png"图像文件，这是一张三维风格的女孩角色图像，如图3-40所示。

生成　嵌入式 (T.I. Embedding)　超网络 (Hypernetworks)　模型　Lora

图生图　涂袍　局部重绘　涂鸦重绘　上传重绘蒙版　批量处理

图3-40

02 在"模型"选项卡中，单击"RealCartoon-Pixar"模型，如图3-41所示，将其设置为"Stable Diffusion 模型"。

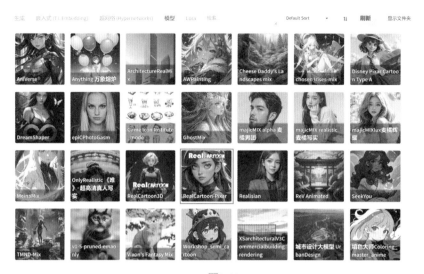

图3-41

03 设置"外挂VAE模型"为None（无），并输入中文提示词"1女孩，微笑，上半身，在公园里，夜晚，霓虹灯光，路灯，T恤"，按Enter键，即可将其翻译为英文"1girl,smile,upper_body,in the park,night,neon light,lamppost,t-shirt,"，并自动填入正向提示词文本框内，如图3-42所示。

图3-42

04 在"局部重绘"选项卡中，使用画笔对要重新绘制的衣服区域进行绘制，得到白色半透明的遮盖效果，如图3-43所示。

图3-43

05 在"生成"选项卡中，设置"蒙版边缘模糊度"为10、"迭代步数（Steps）"为30、"宽度"为1496、"高度"为1048、"总批次数"为1、"重绘幅度"为0.7，如图3-44所示。

图3-44

06 设置完成后，绘制出来的效果如图3-45所示，可以看到图像中角色的衣服由原来的衬衣换成了T恤。

07 本实例最终重绘完成的效果如图3-46所示。

图3-45

图3-46

第 4 章 ————
Lora 模型

本章导读

本章讲解如何在Stable Diffusion中使用Lora来微调模型。

学习要点

Lora概述。

使用Lora模型更改角色的服装。

使用Lora模型更改画面的风格。

使用Lora模型丰富图像的细节。

4.1
Lora 概述

与Stable Diffusion模型相比，Lora模型文件的大小要小得多，旨在大模型生成图像的基础上微调图像。我们使用文生图绘制图像后，不但可以通过Lora模型来微调画面的风格，甚至还可以完全改变之前图像的整体内容及视觉效果。Lora模型的数量成千上万，我们在使用这些Lora模型前，最好先查看不同Lora模型作者给出的建议，遵循这些建议我们可以更好地控制最终图像效果。图4-1所示为Civitai网站上"室内设计-现代卧室生成器|Modern Bedroom Generator"作者给出的使用建议，包括推荐搭配大模型、推荐权重及触发词等。

图4-1

此外，用户还可以去吐司、哩布哩布等相关网站下载不同的Lora模型，如图4-2和图4-3所示。

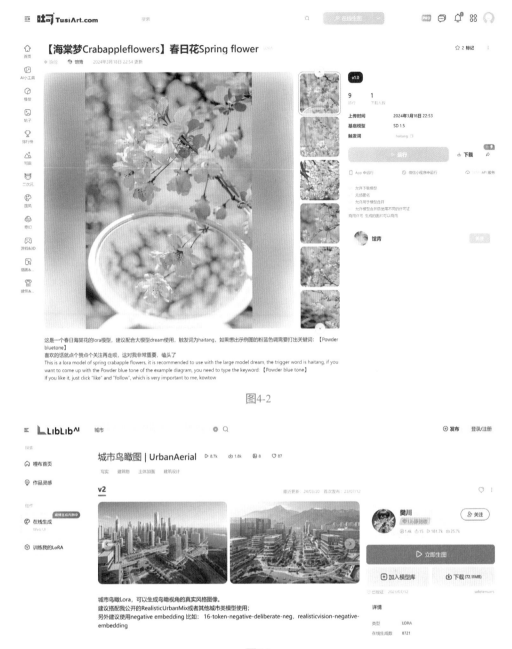

图4-2

图4-3

4.2
Lora 模型

我们可以使用一个主模型搭配多个Lora模型来修改画面中角色的面容、设定图像画风、改善光影效果及增加图像细节等，不断完善最终AI绘画作品。下载好的Lora模型需要用户自己配一张使用该模型生成的图片来作为模型的缩略图，这样可以方便我们快速查找所需要的模型，如图4-4所示。在学习本章实例之前，可以先了解Civitai网站中较为优秀的Lora模型。

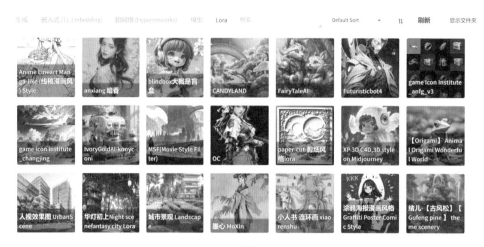

图4-4

4.2.1 暗香

"anxiang|暗香"Lora模型是由网名为"Redpriest9527"的作者上传的，用于丰富角色的面容及服装细节，如图4-5所示。该模型作者推荐搭配使用的大模型有XXMix_9realistic、majicMix系列；推荐配合使用的lora模型有墨心、小人书、唐风汉服；推荐参数为0.5~0.7。

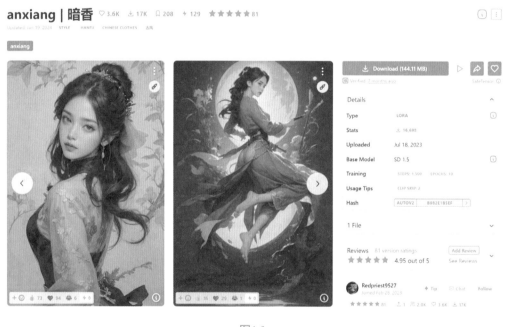

图4-5

4.2.2 OC

"OC"Lora模型是由网名为"yht584770"的作者上传的，用于更改画面的整体效果，使之偏向于三维渲染风格，如图4-6所示。

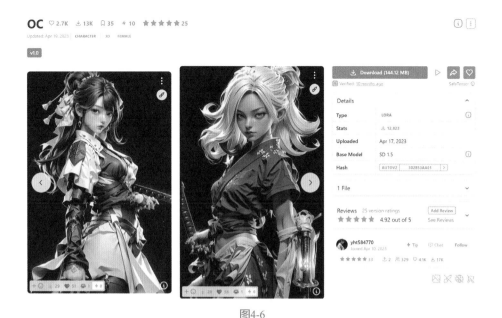

图4-6

4.2.3　涂鸦海报漫画风格

"涂鸦海报漫画风格|Graffiti Poster Comic Style" Lora模型是由网名为"MrGu"的作者上传的，用于更改画面的整体效果，使之偏向于二维扁平化风格，如图4-7所示。该模型作者推荐搭配使用的大模型为revAnimated_v122；推荐高清修复算法为R-ESRGAN4x+。

图4-7

4.2.4　中国传统建筑样式苏州园林

"中国传统建筑样式苏州园林suzhouyuanlin" Lora模型是由网名为"CandiedFox"的作者上传的，用于更改园林景观类画面的效果，使之偏向于中国传统建筑样式，如图4-8所示。该模型作者推荐生成图像的尺寸为512×768、768×1024，或接近该尺寸比例的横图皆可。

图4-8

4.2.5 室内设计 - 北欧奶油风

"室内设计-北欧奶油风|Nordic Modern Style Interior Design" Lora模型是由网名为"NayutaX"的作者上传的，用于更改室内设计类画面的效果，使之偏向于北欧装修风格，如图4-9所示。该模型作者推荐搭配使用的大模型有Chilloutmix、realisticMIX、Unreal等写实系列大模型。

图4-9

4.2.6 墨心

"墨心 MoXin" Lora模型是由网名为"simhuang"的作者上传的，用于更改画面的效果，使之偏向于中国水墨画风格，如图4-10所示。该模型作者推荐搭配的Lora权重为0.85以下。

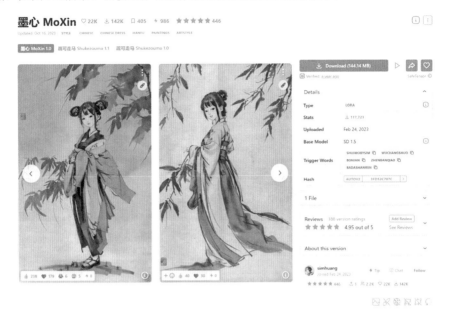

图4-10

4.3
技术实例

4.3.1　实例：绘制写实古装女性角色

Lora模型可以在不增加相关提示词的情况下丰富画面的内容，如影响角色的衣服、头饰及面容。本实例将详细讲解如何使用Lora模型绘制一个写实风格的古装虚拟女性角色形象，图4-11所示为本实例所绘制完成的图像结果。需注意的是，在本实例中，并没有添加有关描述角色服装的提示词。

图4-11

01 在"模型"选项卡中，单击"DreamShaper"模型，如图4-12所示，将其设置为"Stable Diffusion模型"。

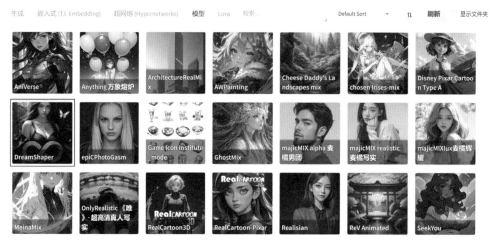

图4-12

02 设置"外挂VAE模型"为None（无），并输入中文提示词"1女孩，微笑，单人，上半身，开心，天空，倾斜的天空，背景虚化"，按Enter键，即可将其翻译为英文"1girl,smile,solo,upper_body,kind_smile,sky,gradient_sky,bokeh,"，并自动填入正向提示词文本框内，如图4-13所示。

图4-13

03 在反向词文本框内输入"正常质量，最差质量，低分辨率，低质量"，按Enter键，即可将其翻译为英文"normal quality,worstquality,lowres,low quality,"，并提高这些反向提示词的权重，如图4-14所示。

图4-14

04 在"嵌入式（T.I.Embedding）"卷展栏中，单击"badhandv4"和"ng_deepnegative_v1_75t"模型，如图4-15所示，将其添加至反向词文本框中，如图4-16所示。

图4-15

(normal quality:2),(worstquality:2),(lowres:2),(low quality:2),badhandv4,ng_deepnegative_v1_75t,

图4-16

05 在"生成"选项卡中，设置"迭代步数（Steps）"为30、"高分迭代步数"为20、"放大倍数"为2、"宽度"为512、"高度"为768、"总批次数"为2，如图4-17所示。

图4-17

技巧与提示

　　在本实例中，图像的"宽度"和"高度"值不宜设置得太大，否则可能会出现图像拼接的情况，会提高画面中角色产生肢体形变的概率。

06 设置完成后，绘制出来的效果如图4-18所示，可以看到这些图像的效果基本符合之前所输入的提示词，但是角色身上的服装看起来略显简单。

图4-18

> **技巧与提示**
>
> 　　在本实例中，没有输入描述头发颜色及服装的提示词，所以生成图像中角色的发色及身上的衣服都是随机绘制的。

07 在Lora选项卡中，单击"dunhuangV3"模型，如图4-19所示。

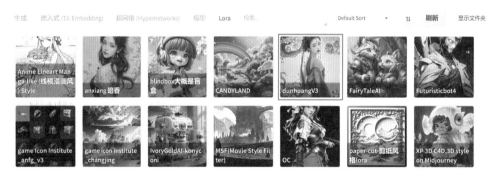

图4-19

08 设置完成后，可以看到该Lora模型出现在提示词文本框中，将"dunhuangV3"Lora模型的权重设置为0.8，如图4-20所示。

图4-20

09 添加了Lora模型后的绘制效果如图4-21所示，可以看出添加了Lora模型后，角色身上的服装效果添加了许多细节。

图4-21

10 在Lora选项卡中，单击"anxiang暗香"模型，如图4-22所示。

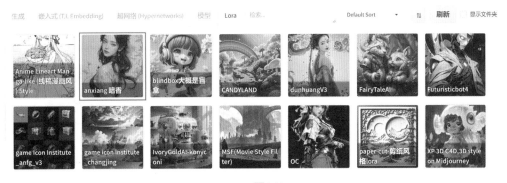

图4-22

11 设置完成后，可以看到该Lora模型出现在提示词文本框中，将"anxiang暗香"Lora模型的权重设置为0.3，如图4-23所示。

图4-23

12 设置完成后，重绘图像，本实例绘制出来的效果如图4-24所示。

图4-24

技巧与提示

在本实例中，可以发现使用Lora模型可以在不更换提示词的情况下，显著改善角色的服装效果。

4.3.2 实例：绘制三维动画风格角色

Lora模型可以在不增加相关提示词的情况下改变画面的整体表现风格。本实例将详细讲解如何使用Lora模型绘制一个穿西服的卡通女孩角色形象，图4-25所示为本实例所绘制完成的图像结果。

01 在"模型"选项卡中，单击"ReV Animated"模型，如图4-26所示，将其设置为"Stable Diffusion模型"。

02 设置"外挂VAE模型"为None（无），并输入中文提示词"1女孩，上半身，微笑，黑色背景，黑色头发，西装外套，格子领带"，按Enter键，即可将其翻译为英文"1girl,upper_body,smile,black_background,black hair,blazer,plaid necktie,"，并自动填入提示词文本框内，如图4-27所示。

图4-25

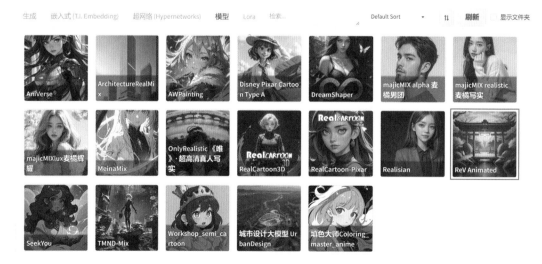

图4-26

图4-27

03 在"生成"选项卡中，设置"迭代步数（Steps）"为30、"高分迭代步数"为20、"放大倍数"为1.5、"宽度"为700、"高度"为1000、"总批次数"为2，如图4-28所示。

图4-28

04 设置完成后，绘制出来的效果如图4-29所示，可以看到这些图像的效果基本符合之前所输入的提示词。

05 在反向词文本框内输入"正常质量，最差质量，低质量，低分辨率"，按Enter键，即可将其翻译为英文"normal quality,worstquality,low quality,lowres,"，并提高这些反向提示词的权重，如图4-30所示。

图4-29

(normal quality:2),(worstquality:2),(low quality:2),(lowres:2),

图4-30

06 在"嵌入式（T.I.Embedding）"卷展栏中，单击"badhandv4"和"ng_deepnegative_v1_75t"模型，如图4-31所示，将其添加至反向词文本框中，如图4-32所示。

图4-31

(normal quality:2),(worstquality:2),(low quality:2),(lowres:2),badhandv4,ng_deepnegative_v1_75t,

图4-32

07 设置完成后,重新绘制图像,绘制效果如图4-33所示,可以看出增加了反向提示词后,画面的质量有了很大提高。

图4-33

08 在Lora选项卡中,单击"OC"模型,如图4-34所示。

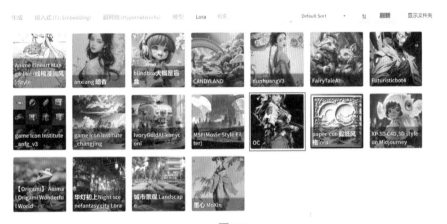

图4-34

09 设置完成后,可以看到该Lora模型出现在提示词文本框中,将"OC"Lora模型的权重设置为0.4,如图4-35所示。

图4-35

10 设置完成后，重绘图像，本实例绘制出来的效果如图4-36所示。

图4-36

技巧与提示

　　在本实例中，使用了"OC"的Lora模型更换了画面的风格。

4.3.3　实例：绘制涂鸦海报风格角色

　　本实例将详细讲解如何使用Lora模型绘制一个涂鸦海报风格的女孩角色形象，图4-37所示为本实例所绘制完成的图像结果。

图4-37

01 在"模型"选项卡中，单击"AniVerse"模型，如图4-38所示，将其设置为"Stable Diffusion模型"。

02 设置"外挂VAE模型"为None（无），并输入中文提示词"1女孩，微笑，黑色头发，全身，蓝色背景，开襟毛衣衫"，按Enter键，即可将其翻译为英文"1girl,smile,black hair,full_body,blue_background,cardigan,"，如图4-39所示。

图4-38

Stable Diffusion 模型

AniVerse.safetensors [34630c4c75]

外挂 VAE 模型

None

CLIP 终止层数　2

文生图　图生图　后期处理　PNG 图片信息　模型融合　训练　OpenPose 编辑器　3D 骨架模型编辑（3D Openpose）

模型转换　超级模型融合　模型工具箱　WD 1.4 标签器　设置　扩展

18/75

1girl,smile,black hair,full_body,blue_background,cardigan,

提示词 (18/75)　请输入新关键词

1girl × | smile × | black hair × | full_body × | blue_background × | cardigan ×

图4-39

03 在"生成"选项卡中，设置"迭代步数（Steps）"为30、"高分迭代步数"为20、"放大倍数"为1.5、"宽度"为700、"高度"为1000、"总批次数"为2，如图4-40所示。

图4-40

04 设置完成后，绘制出来的效果如图4-41所示，可以看到这些图像的效果基本符合之前所输入的提示词。

图4-41

05 在反向词文本框内输入"正常质量，最差质量，低质量，低分辨率"，按Enter键，即可将其翻译为英文 "normal quality,worstquality,low quality,lowres，"，并提高这些反向提示词的权重，如图4-42所示。

图4-42

06 在"嵌入式（T.I.Embedding）"卷展栏中，单击"badhandv4"和"ng_deepnegative_v1_75t"模型，如图4-43所示，将其添加至反向词文本框中，如图4-44所示。

07 设置完成后，重新绘制图像，绘制效果如图4-45所示，可以看出增加了反向提示词后，画面的细节有了很大提高。

图4-43

(normal quality:2),(worstquality:2),(low quality:2),(lowres:2),badhandv4,ng_deepnegative_v1_75t,

图4-44

图4-45

08 在Lora选项卡中，单击"涂鸦海报漫画风格Graffiti Poster Comic Style"模型，如图4-46所示。

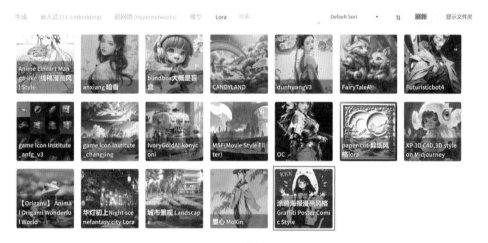

图4-46

09 设置完成后，可以看到该Lora模型出现在正向提示词文本框中，如图4-47所示。

图4-47

❿ 重新绘制图像，添加了Lora模型后的绘制效果如图4-48所示。可以看出新绘制出来的角色与之前的角色几乎是完全不同的两个风格，有了明显的海报效果。

图4-48

⓫ 将"涂鸦海报漫画风格Graffiti Poster Comic Style"Lora模型的权重降低至0.5，如图4-49所示。

⓬ 设置完成后，重绘图像，本实例绘制出来的效果如图4-50所示。

图4-49

图4-50

4.3.4 实例：绘制工笔画风格角色

本实例将详细讲解如何使用多个Lora模型绘制工笔画风格的角色图像，图4-51所示为本实例所绘制完成的图像结果。

图4-51

01 在"模型"选项卡中,单击"majicMIX realistic 麦橘写实"模型,如图4-52所示,将其设置为"Stable Diffusion模型"。

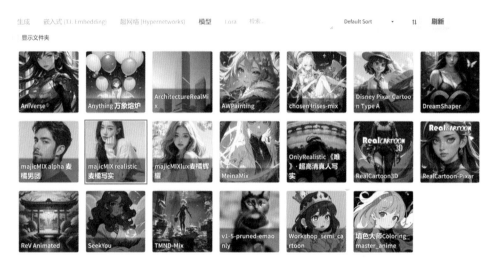

图4-52

02 设置"外挂VAE模型"为None(无),并输入中文提示词"1女孩,汉服,微笑,黑色头发,长发,灰色背景,单人",按Enter键,即可将其翻译为英文"1girl,hanfu,smile,black hair,long hair,grey_background,solo,",并自动填入正向提示词文本框内,如图4-53所示。

图4-53

03 在"生成"选项卡中,设置"迭代步数(Steps)"为30、"采样方法(Sampler)"为"Euler a"、"高分迭代步数"为20、"放大倍数"为1.5、"宽度"为700、"高度"为1000、"总批次数"为2,如图4-54所示。

04 设置完成后,绘制出来的效果如图4-55所示,可以看到这些图像的效果基本符合之前所输入的提示词。

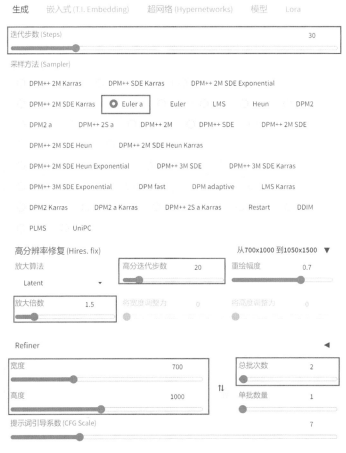

图4-54

图4-55

05 在反向词文本框内输入"正常质量,最差质量,低分辨率,低质量",按Enter键,即可将其翻译为英文"normal quality,worstquality,lowres,low quality,",并提高这些反向提示词的权重,如图4-56所示。

文生图　　图生图　　后期处理　　PNG图片信息　　模型融合　　训练　　OpenPose编辑器　　3D骨架模型编辑（3D Openpose）

模型转换　　超级模型融合　　模型工具箱　　WD 1.4标签器　　设置　　扩展

图4-56

06 设置完成后，绘制出来的效果如图4-57所示，可以看到图像的细节增加了许多。

图4-57

07 在Lora选项卡中，单击"anxiang暗香"模型，如图4-58所示，将其设置为"Stable Diffusion模型"。

08 设置完成后，可以看到该Lora模型出现在提示词文本框中，将"anxiang暗香"Lora模型的权重设置为0.5，如图4-59所示。

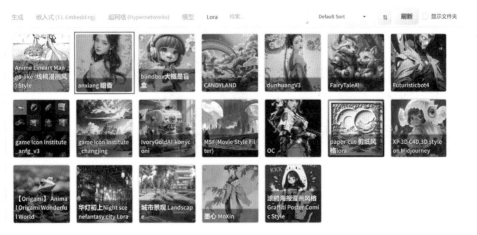

图4-58

文生图   图生图   后期处理   PNG 图片信息   模型融合   训练   OpenPose 编辑器   3D 骨架模型编辑（3D Openpose）

模型转换   超级模型融合   模型工具箱   WD 1.4 标签器   设置   扩展

20/75

1girl,hanfu,smile,black hair,long hair,grey_background,solo,<lora:anxiang 暗香:0.5>,

提示词 (20/75)   🌐 ⚙️ 🗂️ 📌 ⧉ 📋 🗑️ 🔄   ☑️📋 请输入新关键词

1girl ×   hanfu ×   smile ×   black hair ×   long hair ×   grey_background ×   solo ×   <lora:anxiang 暗香:0.5> ×

1女孩   汉服   微笑   黑色头发   长发   灰色背景   单人   lora:anxiang 暗香

图4-59

09 重绘图像，添加了Lora模型后的绘制效果如图4-60所示，可以看出添加了"anxiang暗香"Lora模型后，角色的头饰细节丰富了许多。

图4-60

10 在Lora选项卡中，单击"墨心 MoXin"模型，如图4-61所示。

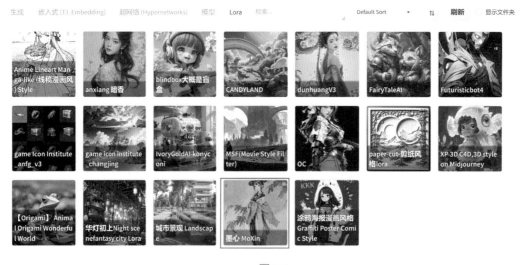

图4-61

11 将"墨心 MoXin"Lora模型的权重降低至0.5，如图4-62所示。

Stable Diffusion 模型

majicMIX realistic 麦橘写实.safetensors [7c819t ▾

外挂 VAE 模型

None

CLIP 终止层数   2

文生图   图生图   后期处理   PNG 图片信息   模型融合   训练   OpenPose 编辑器   3D 骨架模型编辑（3D Openpose）

模型转换   超级模型融合   模型工具箱   WD 1.4 标签器   设置   扩展

20/75

1girl,hanfu,smile,black hair,long hair,grey_background,solo,<lora:anxiang 暗香:0.5>,<lora:墨心 MoXin:0.5>,

提示词 (20/75)

请输入新关键词

1girl ×   hanfu ×   smile ×   black hair ×   long hair ×   grey_background ×   solo ×   <lora:anxiang 暗香:0.5>   <lora:墨心 MoXin:0.5> ×

13/75

(normal quality:2),(worstquality:2),(lowres:2),(low quality:2),

反向词 (13/75)

请输入新关键词

(normal quality:2) ×   (worstquality:2) ×   (lowres:2) ×   (low quality:2) ×

图4-62

12 设置完成后，重绘图像，本实例绘制出来的效果如图4-63所示。

图4-63

4.3.5 实例：绘制童话城堡场景

本实例将详细讲解如何使用Lora模型绘制一个带有童话色彩的城堡场景效果图，图4-64所示为本实例所绘制完成的图像结果。

图4-64

01 在"模型"选项卡中，单击"ArchitectureRealMix"模型，如图4-65所示，将其设置为"Stable Diffusion 模型"。

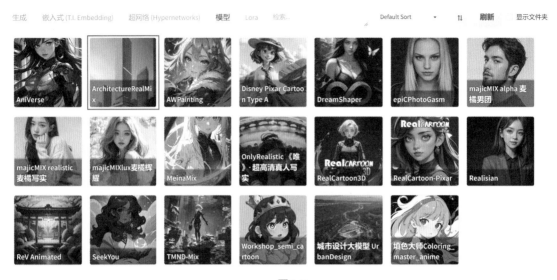

图4-65

02 设置"外挂VAE模型"为None（无），并输入中文提示词"城堡，树，蓝天，云，高原，桥"，按Enter 键，即可将其翻译为英文"castle,tree,blue_sky,cloud,plateau,bridge,"，并自动填入正向提示词文本框内，如 图4-66所示。

图4-66

03 在"生成"选项卡中，设置"迭代步数（Steps）"为30、"高分迭代步数"为20、"放大倍数"为1.5、 "宽度"为1000、"高度"为700、"总批次数"为4，如图4-67所示。

04 设置完成后，绘制出来的效果如图4-68所示，可以看到这些图像的效果基本符合之前所输入的提示词，而且 画面的风格看起来非常真实。

05 在Lora选项卡中，单击"FairyTaleAI"模型，如图4-69所示，将其设置为"Stable Diffusion模型"。

06 设置完成后，可以看到该Lora模型出现在提示词文本框中，将"FairyTaleAI"Lora模型的权重设置为0.5， 并补充提示词"fairytaleai"，如图4-70所示。

生成　　嵌入式 (T.I. Embedding)　　超网络 (Hypernetworks)　　模型　　Lora

迭代步数 (Steps)　　　　　　　　　　　　　　　　　　　　　30

采样方法 (Sampler)

○ DPM++ 2M Karras　　DPM++ SDE Karras　　DPM++ 2M SDE Exponential

DPM++ 2M SDE Karras　　Euler a　　Euler　　LMS　　Heun　　DPM2

DPM2 a　　DPM++ 2S a　　DPM++ 2M　　DPM++ SDE　　DPM++ 2M SDE

DPM++ 2M SDE Heun　　DPM++ 2M SDE Heun Karras

DPM++ 2M SDE Heun Exponential　　DPM++ 3M SDE　　DPM++ 3M SDE Karras

DPM++ 3M SDE Exponential　　DPM fast　　DPM adaptive　　LMS Karras

DPM2 Karras　　DPM2 a Karras　　DPM++ 2S a Karras　　Restart　　DDIM

PLMS　　UniPC

高分辨率修复 (Hires. fix)　　　　　　　　　从1000x700 到1500x1050 ▼

放大算法　　　　　　　　高分迭代步数　　20　　重绘幅度　　　0.7

Latent

放大倍数　　　1.5　　　将宽度调整为　　0　　将高度调整为　　0

Refiner　　　　　　　　　　　　　　　　　　　　　　◀

宽度　　　　　　　　　　1000　　　总批次数　　　4

高度　　　　　　　　　　700　　↑↓　单批数量　　　1

提示词引导系数 (CFG Scale)　　　　　　　　　　　7

图4-67

图4-68

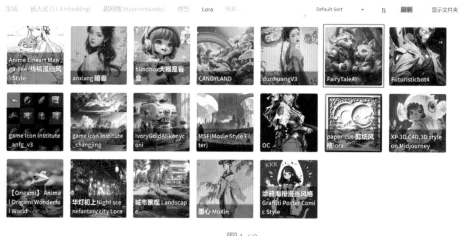

图4-69

Stable Diffusion 模型　　　　　　　　　　　　　外挂 VAE 模型

ArchitectureRealMix.safetensors [f7c2a4bb41]　　　　None　　　　　　　　　　CLIP 终止层数　2

文生图　图生图　后期处理　PNG 图片信息　模型融合　训练　OpenPose 编辑器　3D 骨架模型编辑 （3D Openpose）

模型转换　超级模型融合　模型工具箱　WD 1.4 标签器　设置　扩展

19/75

castle,tree,blue_sky,cloud,plateau,bridge,<lora:FairyTaleAI:0.5>,fairytaleai,

提示词 (19/75)　　　　　　　　　　　　　　　　　请输入新关键词

castle × 　tree × 　blue_sky × 　cloud × 　plateau × 　bridge × 　<lora:FairyTaleAI:0.5> × 　fairytaleai ×

0/75

反向提示词 (按 Ctrl+Enter 或 Alt+Enter 开始生成)
Negative prompt

反向词 (0/75)　　　　　　　　　　　　　　　　　请输入新关键词

图4-70

技巧与提示

　　补充的提示词为该模型作者给出的触发词"fairytaleai"，为触发"FairyTaleAI"Lora模型发挥作用。

07 设置完成后，重绘图像，本实例绘制出来的效果如图4-71所示。可以看出整个画面的风格偏向浓重的童话色彩效果。

图4-71

4.3.6 实例：绘制园林景观效果图

本实例将详细讲解如何使用Lora模型绘制一幅园林景观的图像，图4-72所示为本实例绘制完成的图像结果。

图4-72

01 在"模型"选项卡中，单击"ArchitectureRealMix"模型，如图4-73所示，将其设置为"Stable Diffusion模型"。

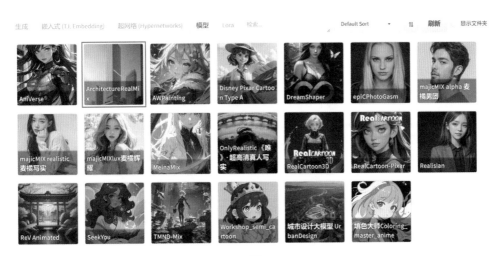

图4-73

02 设置"外挂VAE模型"为None（无），输入中文提示词"花园，景观，凉亭，树，蓝天，金色的阳光，最好质量"，按Enter键，即可将其翻译为英文"gaden,landscape,gazebo,tree,blue_sky,the golden sun,best

quality,",并自动填入正向提示词文本框内,如图4-74所示。

图4-74

03 在"生成"选项卡中,设置"迭代步数(Steps)"为30、"高分迭代步数"为20、"放大倍数"为1.5、"宽度"为1000、"高度"为700、"总批次数"为4,如图4-75所示。

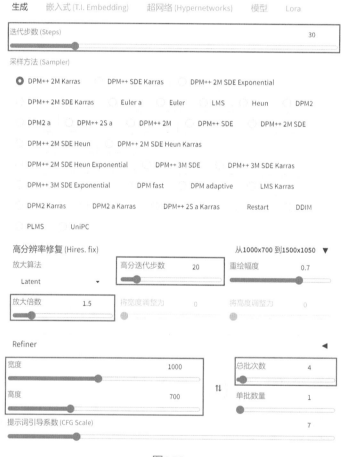

图4-75

04 设置完成后,绘制出来的效果如图4-76所示,可以看到这些图像的效果基本符合之前所输入的提示词,而且画面的风格看起来非常真实。

图4-76

> **技巧与提示**
>
> 　　提示词"金色的阳光"可以使得画面看起来阳光十足，非常温暖。

05 在Lora选项卡中，单击"中国传统建筑样式 苏州园林suzhouyuanlin"模型，如图4-77所示，将其设置为"Stable Diffusion模型"。

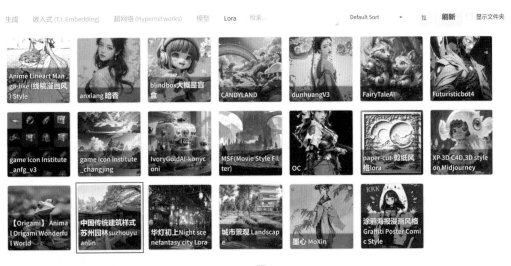

图4-77

06 设置完成后，可以看到该Lora模型出现在提示词文本框中，将"中国传统建筑样式 苏州园林suzhouyuanlin"Lora模型的权重设置为0.6，如图4-78所示。

07 在反向词文本框内输入"正常质量，最差质量，低质量，低分辨率"，按Enter键，即可将其翻译为英文"normal quality,worstquality,low quality,lowres,"，并提高这些反向提示词的权重，如图4-79所示。

Stable Diffusion 模型

ArchitectureRealMix.safetensors [f7c2a4bb41] ▼

外挂 VAE 模型

None ▼

CLIP 终止层数 2

文生图　　图生图　　后期处理　　PNG 图片信息　　模型融合　　训练　　OpenPose 编辑器　　3D 骨架模型编辑 （3D Openpose）
模型转换　　超级模型融合　　模型工具箱　　WD 1.4 标签器　　设置　　扩展

21/75

gaden,landscape,gazebo,tree,blue_sky,the golden sun,best quality,<lora:中国传统建筑样式 苏州园林suzhouyuanlin:0.6>,

提示词 (21/75)　　　　　请输入新关键词

gaden × 　landscape (景观) × 　gazebo × 　tree × 　blue_sky × 　the golden sun × 　best quality ×

<lora:中国传统建筑样式 苏州园林suzhouyuanlin:0.6> ×

图4-78

Stable Diffusion 模型

ArchitectureRealMix.safetensors [f7c2a4bb41] ▼

外挂 VAE 模型

None ▼

CLIP 终止层数 2

文生图　　图生图　　后期处理　　PNG 图片信息　　模型融合　　训练　　OpenPose 编辑器　　3D 骨架模型编辑 （3D Openpose）
模型转换　　超级模型融合　　模型工具箱　　WD 1.4 标签器　　设置　　扩展

21/75

gaden,landscape,gazebo,tree,blue_sky,the golden sun,best quality,<lora:中国传统建筑样式 苏州园林suzhouyuanlin:0.6>,

提示词 (21/75)　　　　　请输入新关键词

gaden × 　landscape (景观) × 　gazebo × 　tree × 　blue_sky × 　the golden sun × 　best quality ×

<lora:中国传统建筑样式 苏州园林suzhouyuanlin:0.6> ×

13/75

(normal quality:2),(worstquality:2),(low quality:2),(lowres:2),

反向词 (13/75)　　　　　请输入新关键词

(normal quality:2) × 　(worstquality:2) × 　(low quality:2) × 　(lowres:2) ×

图4-79

08 设置完成后，重绘图像，本实例绘制出来的效果如图4-80所示。可以看到园林景观带有明显的中国传统建筑风格。

图4-80

4.3.7 实例：绘制北欧风格卧室效果图

初学室内设计的同学常常会遇到不知道要在空间里摆放什么样子的家具，房间里如何配色会更好看这样的问题。这时，可以考虑使用AI绘画快速制作出多张相关的室内效果图，可以为我们的空间设计提供一定的灵感来源。本实例将详细讲解如何使用Lora模型绘制多幅卧室效果图，图4-81所示为本实例绘制完成的图像结果。

图4-81

01 在"模型"选项卡中，单击"ChilloutMix"模型，如图4-82所示，将其设置为"Stable Diffusion模型"。

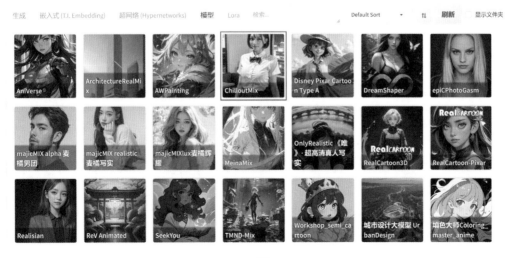

图4-82

02 设置"外挂VAE模型"为None（无），并输入中文提示词"卧室，双人床，地板，白色窗帘，植物"，按Enter键，即可将其翻译为英文"bedroom,double bed,floor,white_curtains,plant,"，并自动填入提示词文本框内，如图4-83所示。

图4-83

03 在"生成"选项卡中，设置"迭代步数（Steps）"为30、"高分迭代步数"为20、"放大倍数"为1.5、"宽度"为1000、"高度"为700、"总批次数"为4，如图4-84所示。

图4-84

04 设置完成后，绘制出来的效果如图4-85所示，可以看到这些图像的效果基本符合之前所输入的提示词，但是画面的展示角度看起来却不像效果图。

图4-85

05 在反向词文本框内输入"正常质量，最差质量，低质量，低分辨率"，按Enter键，即可将其翻译为英文"normal quality,worstquality,low quality,lowres,"，并提高这些反向提示词的权重，如图4-86所示。

文生图　图生图　后期处理　PNG 图片信息　模型融合　训练　OpenPose 编辑器　3D 骨架模型编辑（3D Openpose）

模型转换　超级模型融合　模型工具箱　WD 1.4 标签器　设置　扩展

13/75

bedroom,double bed,floor,white_curtains,plant,

提示词 (13/75)　　　　　　　　　　☑ 请输入新关键词

bedroom × 　double bed × 　floor × 　white_curtains × 　plant ×

13/75

(normal quality:2),(worstquality:2),(low quality:2),(lowres:2),

反向词 (13/75)　　　　　　　　　　☑ 请输入新关键词

(normal quality:2) × 　(worstquality:2) × 　(low quality:2) × 　(lowres:2) ×

图4-86

06 再次绘制图像，如图4-87所示，可以看到添加了反向提示词后，图像的质量有了明显的提升。

图4-87

07 在Lora选项卡中，单击"室内设计-北欧奶油风Nordic Modern Style Interior Design"模型，如图4-88所示，将其设置为"Stable Diffusion模型"。

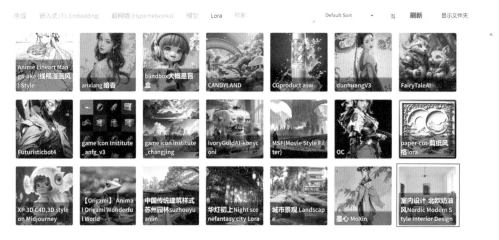

图4-88

08 设置完成后，可以看到该Lora模型出现在提示词文本框中，将"室内设计-北欧奶油风Nordic Modern Style Interior Design"Lora模型的权重设置为0.6，并补充提示词"Nayuta Nordic Modern Interior Design"，如图4-89所示。

图4-89

09 设置完成后，重绘图像，本实例绘制出来的效果如图4-90所示，可以看出这些卧室效果图均为北欧风格，且室内的装饰也丰富了许多。

图4-90

4.3.8　实例：绘制产品表现图像

本实例将详细讲解如何使用Lora模型绘制产品表现效果图，图4-91所示为本实例绘制完成的图像结果。

图4-91

01 在"模型"选项卡中，单击"DreamShaper"模型，如图4-92所示，将其设置为"Stable Diffusion模型"。

02 设置"外挂VAE模型"为None（无），并输入中文提示词"瓶子，玻璃，绿色水，金色瓶盖，绿色背景"，按Enter键，即可将其翻译为英文"bottle,glass,green water,golden bottle cap,green_background,"，并自动填入正向提示词文本框内，如图4-93所示。

图4-92

图4-93

03 在"生成"选项卡中，设置"迭代步数（Steps）"为30、"高分迭代步数"为20、"放大倍数"为1.5、"宽度"为700、"高度"为1000、"总批次数"为2，如图4-94所示。

图4-94

04 设置完成后，绘制出来的效果如图4-95所示，可以看到这些图像的效果基本符合之前所输入的提示词。

图4-95

05 在Lora选项卡中，单击"CGproduct asw"模型，如图4-96所示，将其设置为"Stable Diffusion模型"。

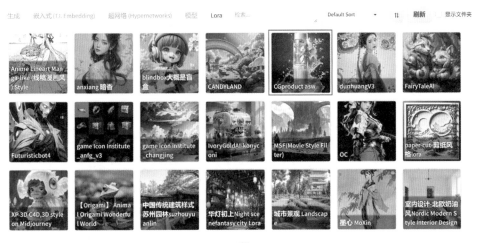

图4-96

06 设置完成后，可以看到该Lora模型出现在提示词文本框中，如图4-97所示。

图4-97

07 设置完成后，重绘图像，本实例绘制出来的效果如图4-98所示，可以看到这些瓶子的效果图看起来漂亮了许多。

图4-98

4.3.9 实例：绘制鸟瞰效果图中的配景

我们在制作一些商业化的鸟瞰效果图项目时，项目中的道路及地表建筑是需要根据甲方的要求来进行三维制作的，周边的区域则允许绘图师进行一些夸张的美化处理，如添加一些绿树等，主要用来突出项目地块的设计。本实例以一幅鸟瞰图为例，详细讲解如何在鸟瞰图项目周边的地块里进行美化，图4-99所示为本实例绘制完成的图像结果。

图4-99

01 在"模型"选项卡中，单击"ArchitectureRealMix"模型，如图4-100所示，将其设置为"Stable Diffusion模型"。

02 设置"外挂VAE模型"为None（无），并在"图生图"选项卡中输入中文提示词"森林，树，金色的阳光，鸟瞰，最好质量"，按Enter键，即可将其翻译为英文"forest,tree,the golden sun,bird's-eye view,best quality,"，并自动填入提示词文本框内，如图4-101所示。

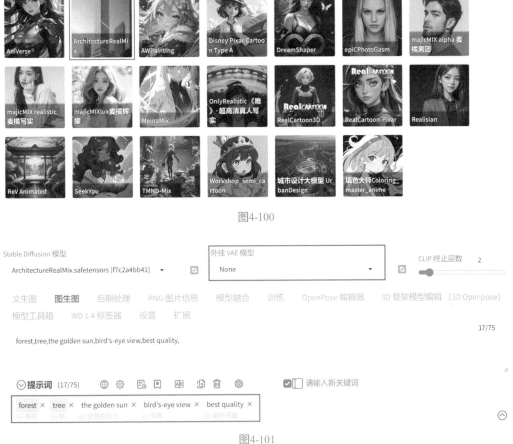

图4-100

Stable Diffusion 模型

ArchitectureRealMix.safetensors [f7c2a4bb41]   ▼

外挂 VAE 模型

None   ▼

CLIP 终止层数   2

文生图 **图生图** 后期处理 PNG 图片信息   模型融合   训练   OpenPose 编辑器   3D 骨架模型编辑 （3D Openpose）

模型工具箱   WD 1.4 标签器   设置   扩展

17/75

forest,tree,the golden sun,bird's-eye view,best quality,

⌄ **提示词** (17/75)   🌐 ⚙ 🗎 🔖 🆎 🗐 🗑 ⚙   ☑️ 请输入新关键词

forest ×   tree ×   the golden sun ×   bird's-eye view ×   best quality ×

⌃

图4-101

🔲 在"生成"选项卡中的"上传重绘蒙版"选项卡中，上传一张三维软件渲染出来的鸟瞰效果图图像和一幅黑白蒙版图，如图4-102所示。

生成   嵌入式 (T.I. Embedding)   超网络 (Hypernetworks)   模型   Lora

图生图 涂鸦 局部重绘 涂鸦重绘 **上传重绘蒙版** 批量处理

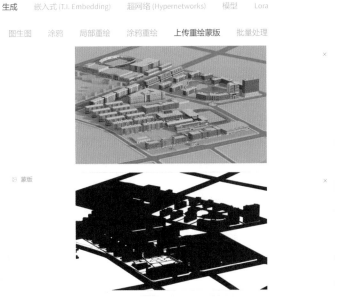

图4-102

技巧与提示

这两张图均使用3ds Max软件进行制作渲染，我们可以看到三维软件渲染出来的图像里并没有制作项目周边环境，仅以绿色填充。而下方的蒙版图中，黑色区域的内容（主要为道路及建筑）不会被修改，而白色区域的部分将会被重绘。

04 在"生成"选项卡中，设置"蒙版边缘模糊度"为8、"蒙版模式"为"重绘蒙版内容"、"迭代步数（Steps）"为30、"宽度"为2000、"高度"为1200、"重绘幅度"为1，如图4-103所示。

图4-103

05 设置完成后，绘制出来的效果如图4-104所示，可以看到项目的周边地块里添加了一些树木效果。

图4-104

06 在Lora选项卡中，单击"城市鸟瞰图 _ UrbanAerial_v2"模型，如图4-105所示，将其设置为"Stable Diffusion模型"。

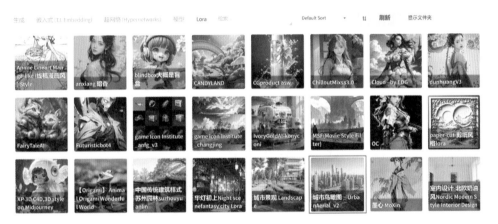

图4-105

07 设置完成后，可以看到该Lora模型出现在提示词文本框中，将"城市鸟瞰图 _ UrbanAerial_v2"Lora模型的权重设置为0.7，如图4-106所示。

图4-106

08 设置完成后，重绘图像，本实例绘制出来的效果如图4-107所示。

图4-107

09 在"后期处理"选项卡中，将绘制出来的鸟瞰图上传至"单张图片"选项卡下方的文本框内，设置"缩放比例"为2.5、"放大算法"为"ESRGAN_4x"，然后单击"生成"按钮，如图4-108所示，即可得到更大尺寸的图像。

图4-108

第 5 章
ControlNet 应用

本章导读

本章主要讲解如何在Stable Diffusion中使用ControlNet插件来辅助我们进行AI绘画。

学习要点

ControlNet的应用。

使用ControlNet控制角色的肢体动作。

使用ControlNet制作海报。

使用ControlNet绘制建筑线稿。

使用ControlNet重绘产品效果图。

5.1
ControlNet 概述

通过前面几章的实例，相信读者应该对使用Stable Diffusion软件进行AI绘画非常熟练了，Stable Diffusion可以非常快速地根据我们提供的提示词绘制出对应的图像。但是我们在使用的过程中也常常会产生一些疑问，例如如何能够更加准确地控制角色的肢体动作？这就需要使用一个插件——ControlNet。ControlNet是一种基于神经网络结构的可以安装在Stable Diffusion软件中的插件，通过添加额外的条件来控制扩散模型，其作者为张吕敏。有了ControlNet的帮助，我们可以通过角色的骨骼图来控制图像中角色的姿势，再也不用频繁地更换提示词来进行抽卡式绘图。当然，ControlNet的功能远不止于此，本章所提供的实例将挖掘出更多ControlNet的使用方法。图5-1和图5-2所示为使用ControlNet辅助绘制完成的两幅角色图像。仔细观察这两幅图像，不难看出角色的动作包括手势都完全一样。

图5-1

图5-2

5.2
ControlNet 卷展栏

ControlNet卷展栏展开后，其中的参数设置如图5-3所示。

图5-3

- **工具解析**

启用：勾选该复选框则开始启用ControlNet插件功能。

低显存模式：对于安装单机版Stable Diffusion的用户而言，如果用户计算机中的显存较小，则可以勾选该复选框。

完美像素模式：计算机会计算最佳预处理器分辨率以得到最好的图像效果。

允许预览：预览预处理器计算后的图像效果。

控制类型：设置ControlNet插件控制画面的类型。

预处理器：根据不同的控制类型选择ControlNet插件的预处理器。

模型：根据不同的预处理器选择ControlNet插件的模型。

控制权重：设置ControlNet插件的控制权重。

引导介入时机/引导终止时机：设置ControlNet插件的引导介入时机/引导终止时机。

控制模式：设置提示词和ControlNet对于生成图像的影响力，有"均衡""更偏向提示词"和"更偏向ControlNet"三种可选。

缩放模式：一般情况下，ControlNet图像的分辨率应与Stable Diffusion中图像的分辨率保持一致，如果两者不同，则用户可以使用缩放模式进行调整，有"仅调整大小""裁剪后缩放"和"缩放后填充空白"三种可选。

技巧与提示

读者在使用ControlNet插件前先检查根目录下extensions/sd-webui-controlnet/model文件夹内是否有相应的模型文件，如果没有模型文件可以在Hugging Face网站（https://huggingface.co/lllyasviel/ControlNet-v1-1/tree/main）下载ControlNet模型，如图5-4所示，并将模型复制至根目录下extensions/sd-webui-controlnet/model文件夹内才可以正常使用，如图5-5所示。

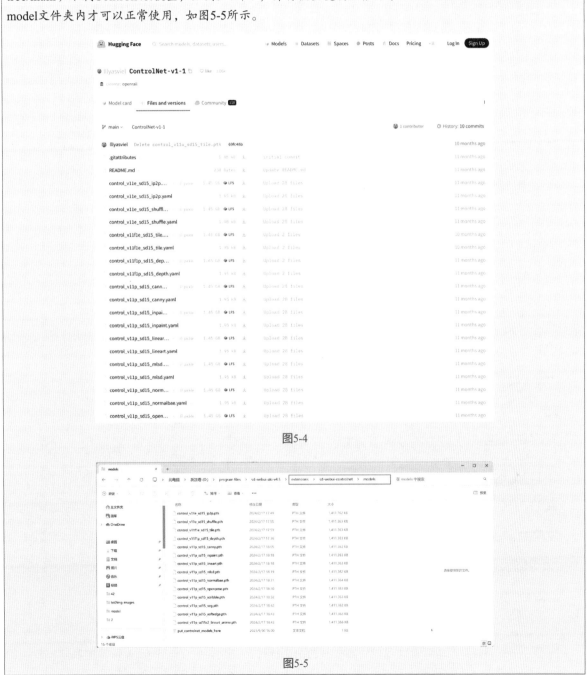

图5-4

图5-5

5.3
OpenPose 编辑器

"OpenPose编辑器"是可以安装在Stable Diffusion中的插件，在"扩展"选项卡下的"可下载"选项卡中，单击"加载扩展列表"按钮，如图5-6所示，即可看到可用于安装在Stable Diffusion上的插件列表，如图5-7所示。

图5-6

图5-7

搜索"openpose"，即可看到我们将要安装的两个插件，分别是"OpenPose编辑器选项卡"和"3D Openpose Editor选项卡"，单击后面的"安装"按钮即可开始这两个插件的安装，如图5-8所示。

图5-8

技巧与提示

　　"OpenPose编辑器选项卡"是本节需要使用的插件，"3D Openpose Editor选项卡"是下一章需要使用的插件。

　　安装完成后，单击"重载UI"按钮，即可看到安装完成的两个插件分别以选项卡的方式出现在Stable Diffusion页面上，如图5-9所示。

图5-9

　　"OpenPose编辑器"用来调整画面中角色的骨骼姿势，常常与ControlNet搭配使用，其参数设置如图5-10所示。调整完成骨骼的姿势后，单击"发送到文生图"或"发送到图生图"按钮，该骨骼图会自动出现在ControlNet卷展栏中，如图5-11所示。

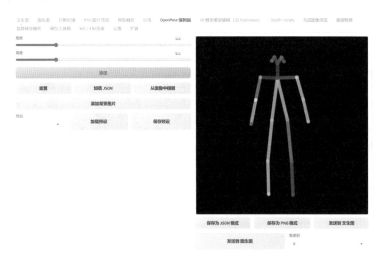

图5-10

图5-11

● 工具解析

宽度：设置骨骼图的宽度。

高度：设置骨骼图的高度。

"添加"按钮：单击该按钮可以在图中添加一套新的骨骼，如图5-12所示。

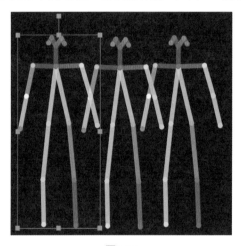

图5-12

"重置"按钮：单击该按钮可以清除图中所有的骨骼。

"加载JSON"按钮：用于加载JOSN文件。

"从图像中提取"按钮：单击该按钮可以浏览本地计算机硬盘上的图像，并根据图像中的角色生成骨骼图，如图5-13和5-14所示。

图5-13

图5-14

"添加背景图片"按钮：单击该按钮可以添加一张背景图片。

"保存为JSON格式"按钮：单击该按钮可以将骨骼图保存为JSON格式文件。

"保存为PNG格式"按钮：单击该按钮可以将骨骼图保存为PNG格式文件。

"发送到文生图"按钮：单击该按钮可以将骨骼图发送至文生图下方的ControlNet卷展栏中。

"发送到图生图"按钮：单击该按钮可以将骨骼图发送至图生图下方的ControlNet卷展栏中。

5.4
3D 骨架模型编辑

"3D骨架模型编辑"选项卡可以使用户在一个三维空间中对骨骼进行编辑，常常与ControlNet搭配使用，如图5-15所示，并根据调整好的姿势生成骨骼姿势图、Depth（深度）图、Normal（法线）图和Canny（硬边缘）图，如图5-16所示。

图5-15

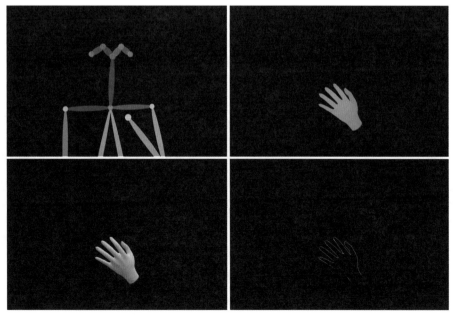

图5-16

将"3D骨架模型编辑"选项卡中生成的图像导入ControlNet卷展栏中，即可根据不同的模型生成不同面容及穿着，但是角色姿势及手势一致的多幅AI绘画作品，如图5-17~图5-20所示。

图5-17

图5-18

图5-19

图5-20

5.5
技术实例

5.5.1 实例：根据照片设置角色的动作

学习了之前的实例，相信读者已经对AI绘画有所了解，并且也意识到了当我们生成人物角色时，人体姿势的随机性是非常大的。接下来，本实例讲解如何使用照片来尽可能地控制角色的身体姿势。图5-21所示为本实例所使用的照片及AI绘制出来的效果。

图5-21

01 在"模型"选项卡中，单击"RealCartoon3D"模型，如图5-22所示，将其设置为"Stable Diffusion 模型"。

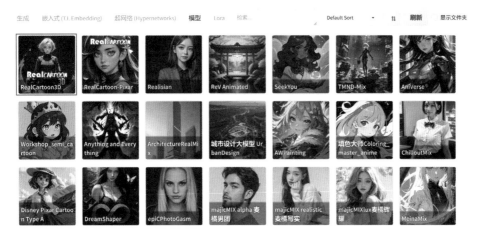

图5-22

02 设置"外挂VAE模型"为None（无），并在"文生图"选项卡中输入中文提示词"小男孩，牛仔夹克，倚着栏杆，在森林里，蓝天，云，微笑"后，按Enter键则可以生成对应的英文"little_boy,denim_jacket,leaning against the railing,in the forest,blue_sky,cloud,smile,"，如图5-23所示。

图5-23

03 在"嵌入式（T.I.Embedding）"卷展栏中，单击"badhandv4"和"ng_deepnegative_v1_75t"模型，如图5-24所示，将其添加至反向词文本框中，如图5-25所示。

图5-24

图5-25

04 在反向词文本框内输入"正常质量，最差质量，低质量，低分辨率"，按Enter键，即可将其翻译为英文 "normal quality,worstquality,low quality,lowres,"，并提高这些反向提示词的权重，如图5-26所示。

图5-26

05 在"ControlNet v1.1.419"卷展栏中，添加一张"人物照片-1.jpg"照片，勾选"启用"和"完美像素模式"复选框，设置"控制类型"为"OpenPose（姿态）"，然后单击红色爆炸图案形状的"Run preprocessor（运行预处理）"按钮，如图5-27所示。

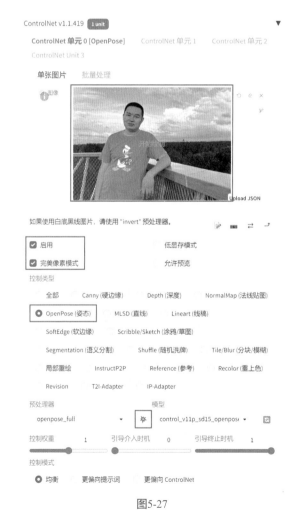

图5-27

06 经过一段时间的计算，在"单张图片"选项卡中照片的旁边会显示计算出来的角色骨骼图，这张图可能不会特别准确，所以，单击"预处理结果预览"右侧下方的"编辑"按钮，如图5-28所示，这时，会弹出"SD-WEBUI-OPENPOSE-EDITOR"面板，如图5-29所示。

图5-28

图5-29

07 在"SD-WEBUI-OPENPOSE-EDITOR"面板中，我们可以编辑骨骼节点，例如微调手部的姿势及脸部细节，如图5-30和图5-31所示，调整完成后，单击"发送姿势到ControlNet"按钮，如图5-32所示。

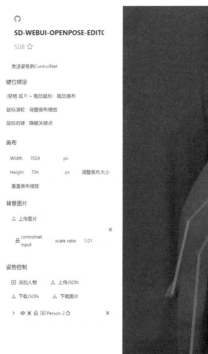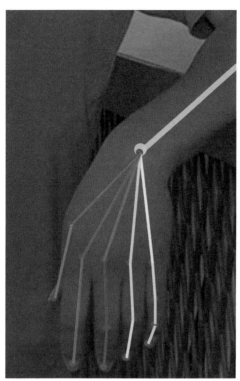

图5-30

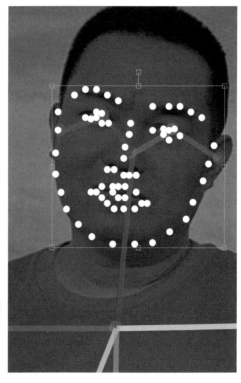

图5-31

08 在ADetailer卷展栏中，勾选"启用After Detailer"复选框，如图5-33所示。

09 在"生成"选项卡中，设置"迭代步数（Steps）"为30、"高分迭代步数"为20、"放大倍数"为1.5、"宽度"为1000、"高度"为700、"总批次数"为4，如图5-34所示。

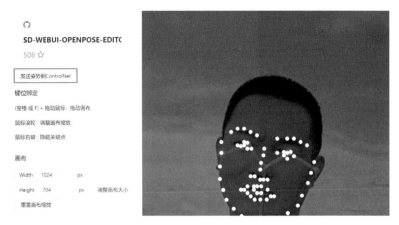

SD-WEBUI-OPENPOSE-EDITC
508
发送姿势到ControlNet
键位绑定
(空格 或 F) + 拖动鼠标：拖动画布
鼠标滚轮：调整画布缩放
鼠标右键：隐藏关键点
画布
Width 1024 px
Height 704 px 调整画布大小
重置画布缩放

图5-32

ADetailer
启用 After Detailer
v23.11.1
单元 1
单元 2
After Detailer 模型
face_yolov8n.pt
ADetailer 提示词
如果 ADetailer 的提示词为空，则使用默认提示词
ADetailer 反向提示词
如果 ADetailer 的反向提示词为空，则使用默认的反向提示词

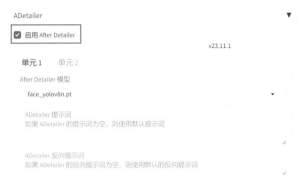

图5-33

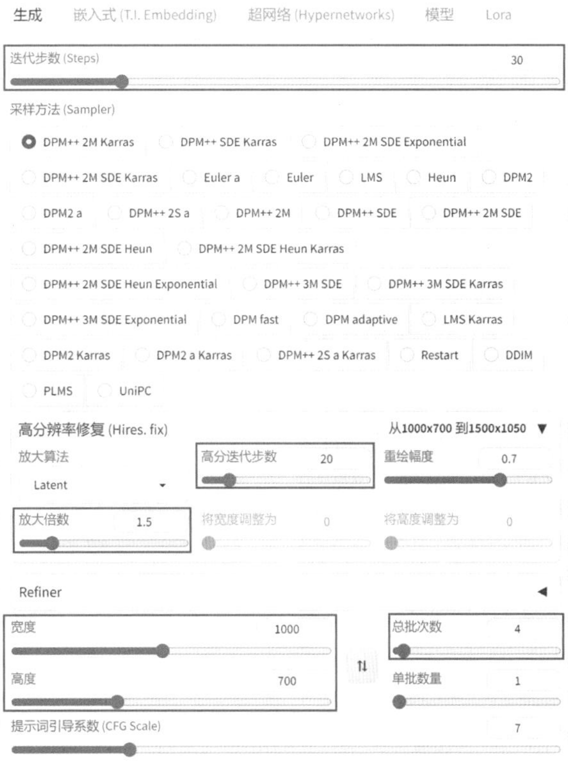

生成
嵌入式 (T.I. Embedding)
超网络 (Hypernetworks)
模型
Lora
迭代步数 (Steps) 30
采样方法 (Sampler)
DPM++ 2M Karras
DPM++ SDE Karras
DPM++ 2M SDE Exponential
DPM++ 2M SDE Karras
Euler a
Euler
LMS
Heun
DPM2
DPM2 a
DPM++ 2S a
DPM++ 2M
DPM++ SDE
DPM++ 2M SDE
DPM++ 2M SDE Heun
DPM++ 2M SDE Heun Karras
DPM++ 2M SDE Heun Exponential
DPM++ 3M SDE
DPM++ 3M SDE Karras
DPM++ 3M SDE Exponential
DPM fast
DPM adaptive
LMS Karras
DPM2 Karras
DPM2 a Karras
DPM++ 2S a Karras
Restart
DDIM
PLMS
UniPC
高分辨率修复 (Hires. fix)
从1000x700 到1500x1050
放大算法
Latent
高分迭代步数 20
重绘幅度 0.7
放大倍数 1.5
将宽度调整为 0
将高度调整为 0
Refiner
宽度 1000
高度 700
总批次数 4
单批数量 1
提示词引导系数 (CFG Scale) 7

图5-34

10 设置完成后，绘制出来的效果如图5-35所示，可以看到这些图像的效果基本符合之前所输入的提示词，且角色的动作与我们上传参考照片中人物的姿势保持一致。

图5-35

5.5.2 实例：使用 OpenPose 编辑器设置角色动作

本实例详细讲解如何使用OpenPose编辑器设置角色动作。图5-36所示为本实例制作出来的骨骼姿态图及AI绘制出来的效果。

图5-36

01 打开"OpenPose编辑器"选项卡，如图5-37所示。

02 在"OpenPose编辑器"选项卡中，设置"宽度"为700、"高度"为1000，并调整骨骼的姿势，如图5-38所示。

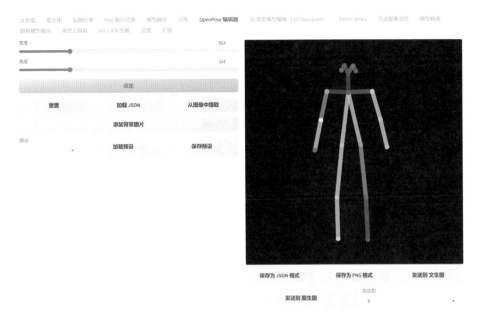

图5-37

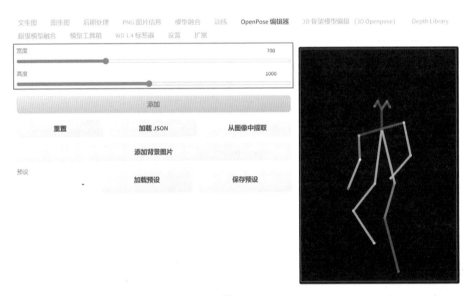

图5-38

> **技巧与提示**
>
> 　　读者可以观看本章对应的教学视频来学习如何调整骨骼的姿势。

03 单击"发送到文生图"按钮，如图5-39所示。

图5-39

04 在ControlNet卷展栏中，可看到刚刚调整完成的骨骼姿态图，设置"控制类型"为"OpenPose（姿态）"、"预处理器"为none（无），如图5-40所示。

图5-40

05 在"模型"选项卡中，单击"AniVerse"模型，如图5-41所示，将其设置为"Stable Diffusion模型"。

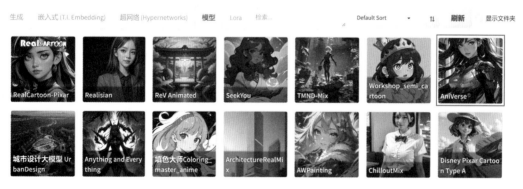

图5-41

06 设置"外挂VAE模型"为None（无），并在"文生图"选项卡中输入中文提示词"1女孩，坐在石头上，星空，黑色头发，长发"后，按Enter键则可以生成对应的英文"1girl,sitting on a rock,starry_sky,black hair,long hair,"，如图5-42所示。

07 在"嵌入式（T.I.Embedding）"卷展栏中，单击"badhandv4"和"ng_deepnegative_v1_75t"模型，如图5-43所示，将其添加至反向词文本框中，如图5-44所示。

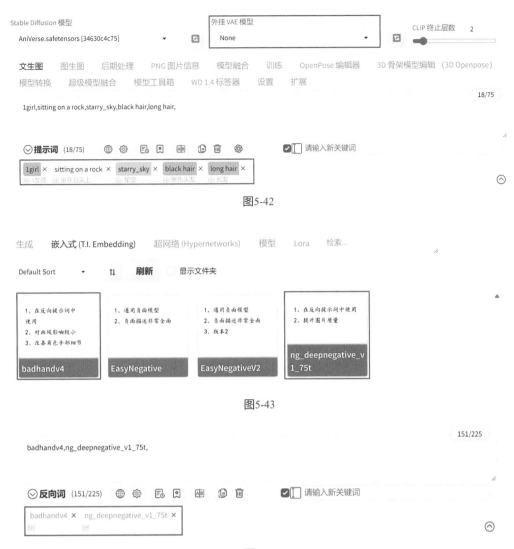

图5-42

图5-43

图5-44

08 在反向词文本框内输入"正常质量，最差质量，低质量，低分辨率"，按Enter键，即可将其翻译为英文"normal quality,worstquality,low quality,lowres，"，并提高这些反向提示词的权重，如图5-45所示。

图5-45

09 在"生成"选项卡中，设置"迭代步数（Steps）"为30、"高分迭代步数"为20、"放大倍数"为1.5、"宽度"为700、"高度"为1000、"总批次数"为2，如图5-46所示。

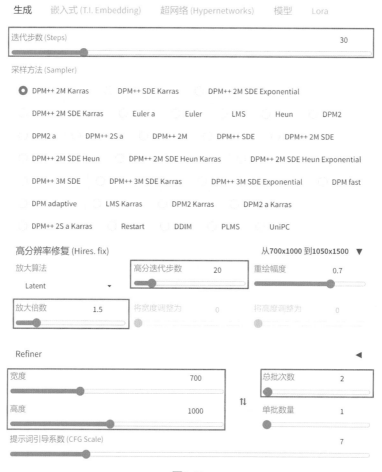

图5-46

10 设置完成后，绘制出来的效果如图5-47所示，可以看到这些图像的效果基本符合之前所输入的提示词，且角色的动作与骨骼图的姿势保持一致。

图5-47

技巧与提示

在本实例中，没有输入有关角色服装的关键词，所以角色身上的服装效果是随机生成的。

11 补充英文提示词"in spiderman suit"，翻译为中文为"穿着蜘蛛侠套装"，如图5-48所示。

图5-48

技巧与提示

提示词"in spiderman suit"为该模型作者所提供，故直接使用英文更为准确。

12 设置完成后，本实例最终绘制出来的效果如图5-49所示。

图5-49

技巧与提示

使用OpenPose编辑器可以非常方便地编辑角色的骨骼姿势，但是无法设置角色的手势及脚部的方向，更详细的设置需要在"3D骨架模型编辑"选项卡中进行制作。

5.5.3 实例：使用 3D 骨架模型编辑设置角色动作及手势

本实例详细讲解如何使用3D骨架模型编辑设置角色动作及手势。图5-50所示为本实例所制作出来的骨骼姿态图及AI绘制出来的效果。

图5-50

01 打开"OpenPose编辑器"选项卡，骨骼的默认姿势如图5-51所示。

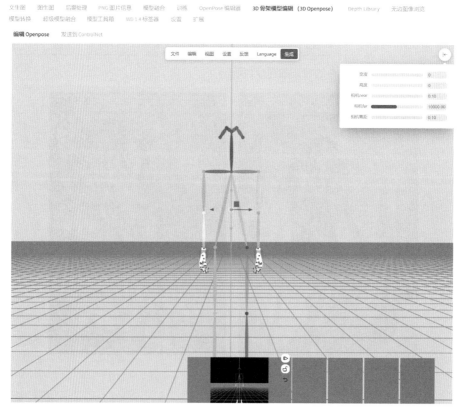

图5-51

02 设置骨骼姿势图的"宽度"为700、"高度"为1000，如图5-52所示。

03 在"编辑Openpose"选项卡中，调整骨骼的姿势及手势如图5-53所示。

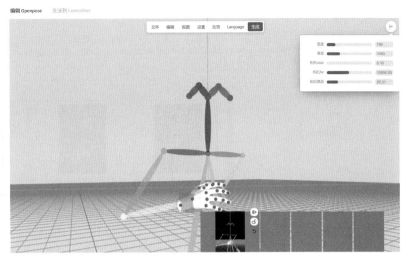

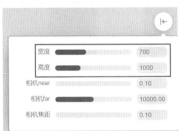

图5-52   图5-53

技巧与提示

　　按住鼠标左键可以旋转视图。

　　按住鼠标滚轮可以推进/拉远视图。

　　按住Shift+鼠标左键可以平移视图。

　　读者可以观看本节配套视频教学来学习调整骨骼及手势的具体操作步骤。

04 单击"生成"按钮，如图5-54所示，即可在底部生成骨骼姿势图、Depth（深度）图、Normal（法线）图和Canny（硬边缘）图。

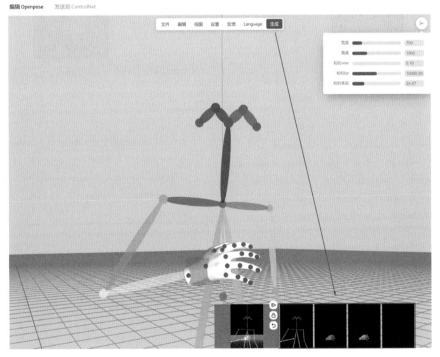

图5-54

05 在底部的4个缩略图上分别单击，即可将这些图像保存至"下载"文件夹中，如图5-55所示。

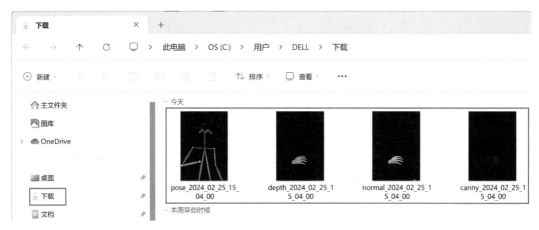

图5-55

06 在"ControlNet单元0"选项卡中,添加骨骼姿势图,勾选"启用"复选框,设置"控制类型"为"OpenPose(姿态)"、"预处理器"为none(无),如图5-56所示。

07 在"ControlNet单元1"选项卡中,添加一张手部深度图,勾选"启用"复选框,设置"控制类型"为"Depth(深度)"、"预处理器"为none(无)、"控制权重"为0.4,如图5-57所示。

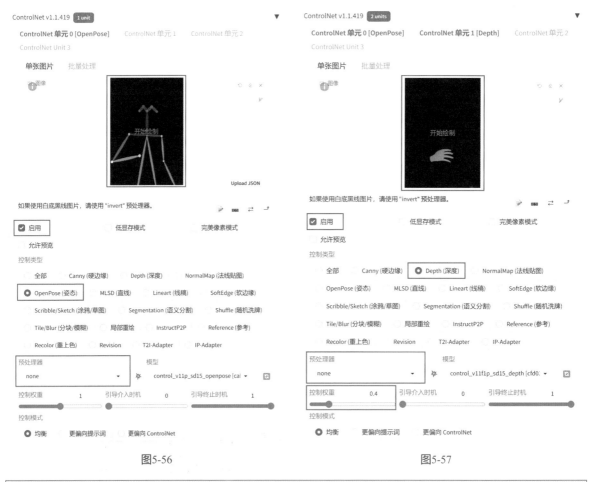

图5-56   图5-57

技巧与提示

深度图主要用来确定AI绘制画面中物体的前后关系。

08 在"ControlNet单元2"选项卡中，添加一张手部硬边缘图，勾选"启用"复选框，设置"控制类型"为"Canny（硬边缘）"、"预处理器"为none（无）、"控制权重"为0.6，如图5-58所示。

09 在"ControlNet单元4"选项卡中，添加一张手部法线贴图，勾选"启用"复选框，设置"控制类型"为"NormalMap（法线贴图）"、"预处理器"为none（无）、"控制权重"为0.4，如图5-59所示。

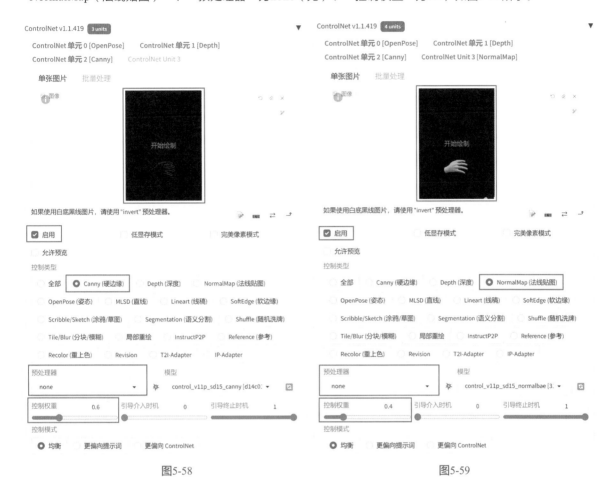

图5-58   图5-59

10 在"模型"选项卡中，单击"AniVerse"模型，如图5-60所示，将其设置为"Stable Diffusion模型"。

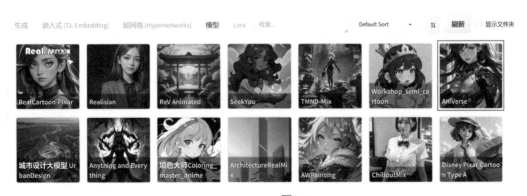

图5-60

11 设置"外挂VAE模型"为None（无），并在"文生图"选项卡中输入中文提示词"1女孩，黑色头发，长发，海边，有领衬衫"后，按Enter键则可以生成对应的英文"1girl,black hair,long hair,beach,collared_shirt,"，如图5-61所示。

图5-61

⓬ 在"嵌入式（T.I.Embedding）"卷展栏中，单击"badhandv4"和"ng_deepnegative_v1_75t"模型，如图5-62所示，将其添加至反向词文本框中，如图5-63所示。

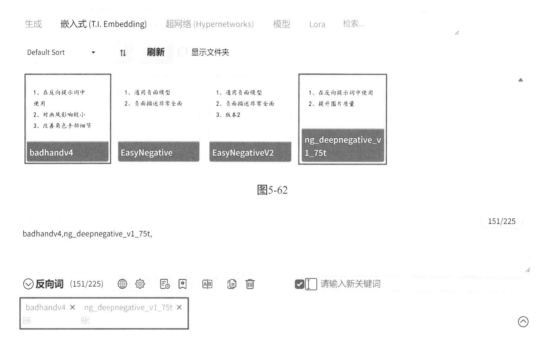

图5-62

图5-63

⓭ 在反向词文本框内输入"正常质量，最差质量，低质量，低分辨率"，按Enter键，即可将其翻译为英文"normal quality,worstquality,low quality,lowres,"，并提高这些反向提示词的权重，如图5-64所示。

图5-64

14 在"生成"选项卡中，设置"迭代步数（Steps）"为30、"高分迭代步数"为20、"放大倍数"为1.5、"宽度"为700、"高度"为1000、"总批次数"为2，如图5-65所示。

图5-65

15 设置完成后，绘制出来的效果如图5-66和图5-67所示，可以看到这些图像的效果基本符合之前所输入的提示词，且角色的动作、手势与骨骼图的姿势保持一致。

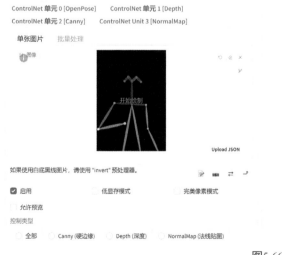

图5-66

图5-67

16 再次重绘图像，本实例最终绘制出来的效果如图5-68所示。

图5-68

5.5.4 实例：绘制剪纸风格文字海报

本实例详细讲解如何使用ControlNet插件绘制剪纸风格的文字类海报效果。图5-69所示为本实例所使用的文字图片及AI制作完成的图像结果。

01 在"模型"选项卡中，单击"ReV Animated"模型，如图5-70所示，将其设置为"Stable Diffusion模型"。

图5-69

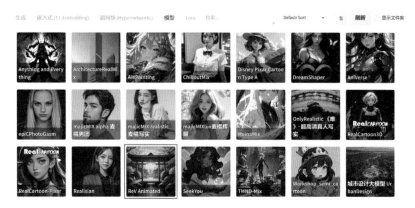

图5-70

02 设置"外挂VAE模型"为None（无），并在"文生图"选项卡中输入中文提示词"茶叶，高山，瀑布，蓝天，云，春天"后，按Enter键则可以生成对应的英文"tea_leaves,altines,waterfall,blue_sky,cloud,in spring,"，如图5-71所示。

图5-71

03 在"ControlNet单元0"选项卡中，添加一张"文字-1.jpg"图片，勾选"启用"和"完美像素模式"复选框，设置"控制类型"为"Canny（硬边缘）"，然后单击红色爆炸图案形状的"Run preprocessor（运行预处理）"按钮，如图5-72所示。

图5-72

04 经过一段时间的计算，在"单张图片"选项卡中图片的旁边会显示计算出来的文字硬边缘图，如图5-73所示。

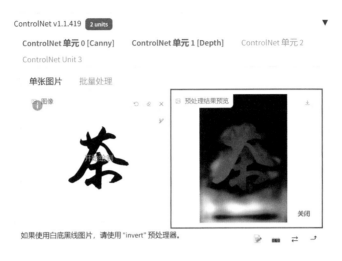

图5-73

05 在"ControlNet单元1"选项卡中，添加一张"文字-1.jpg"图片，勾选"启用"和"完美像素模式"复选框，设置"控制类型"为"Depth（深度）"、"控制权重"为0.6，然后单击红色爆炸图案形状的"Run preprocessor（运行预处理）"按钮，如图5-74所示。

图5-74

06 经过一段时间的计算，在"单张图片"选项卡中图片的旁边会显示计算出来的文字深度图，如图5-75所示。

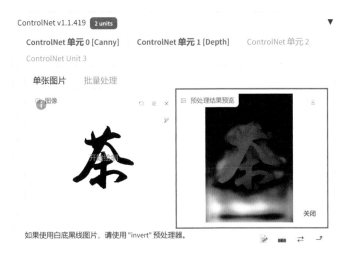

图5-75

07 在"ControlNet单元2"选项卡中，添加一张"文字-1.jpg"图片，勾选"启用"和"完美像素模式"复选框，设置"控制类型"为"Tile/Blur（分块/模糊）"、"控制权重"为0.25，然后单击红色爆炸图案形状的"Run preprocessor（运行预处理）"按钮，如图5-76所示。

图5-76

08 经过一段时间的计算，在"单张图片"选项卡中图片的旁边会显示计算出来的文字深度图，如图5-77所示。

图5-77

09 在"生成"选项卡中，设置"迭代步数（Steps）"为30、"高分迭代步数"为20、"放大倍数"为1.5、"宽度"为700、"高度"为1000、"总批次数"为2，如图5-78所示。

生成　　嵌入式 (T.I. Embedding)　　超网络 (Hypernetworks)　　模型　　Lora

迭代步数 (Steps)		30

采样方法 (Sampler)

- ● DPM++ 2M Karras　○ DPM++ SDE Karras　○ DPM++ 2M SDE Exponential
- ○ DPM++ 2M SDE Karras　○ Euler a　○ Euler　○ LMS　○ Heun　○ DPM2
- ○ DPM2 a　○ DPM++ 2S a　○ DPM++ 2M　○ DPM++ SDE　○ DPM++ 2M SDE
- ○ DPM++ 2M SDE Heun　○ DPM++ 2M SDE Heun Karras　○ DPM++ 2M SDE Heun Exponential
- ○ DPM++ 3M SDE　○ DPM++ 3M SDE Karras　○ DPM++ 3M SDE Exponential　○ DPM fast
- ○ DPM adaptive　○ LMS Karras　○ DPM2 Karras　○ DPM2 a Karras
- ○ DPM++ 2S a Karras　○ Restart　○ DDIM　○ PLMS　○ UniPC

高分辨率修复 (Hires. fix)　　　　　　　　　　从700x1000 到1050x1500 ▼

放大算法	高分迭代步数	20	重绘幅度	0.7
Latent				

放大倍数	1.5	将宽度调整为	0	将高度调整为	0

Refiner　　　　　　　　　　　　　　　　　　　◀

宽度	700		总批次数	2
高度	1000	⇅	单批数量	1

提示词引导系数 (CFG Scale)	7

图5-78

10 设置完成后，绘制出来的效果如图5-79所示。海报效果看起来比较简单，画面元素较为单一，缺乏美感。

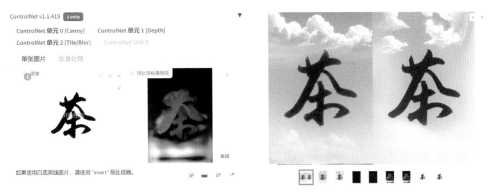

图5-79

11 在Lora选项卡中，单击"paper-cut-剪纸风格lora"模型，如图5-80所示。

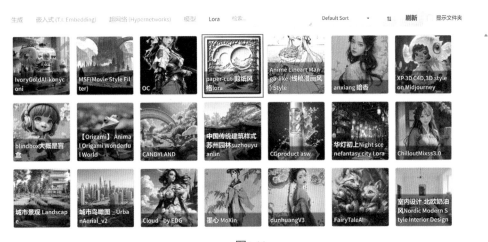

图5-80

12 设置完成后，可以看到该Lora模型会出现在提示词文本框中，如图5-81所示。

图5-81

13 再次重绘图像，本实例最终绘制出来的效果如图5-82所示。

图5-82

5.5.5 实例：根据照片绘制建筑线稿图

ControlNet插件功能强大，不但在绘制角色、海报上表现优异，还能根据照片绘制出钢笔画线稿效果。本实例详细讲解如何使用ControlNet插件绘制钢笔画建筑线稿图。图5-83所示为本实例所使用的照片及AI制作完成的建筑线稿图像结果。

图5-83

01 在"模型"选项卡中，单击"ArchitectureRealMix"模型，如图5-84所示，将其设置为"Stable Diffusion模型"。

02 设置"外挂VAE模型"为None（无），并在"文生图"选项卡中输入中文提示词"建筑，蓝天，云"后，按Enter键则可以生成对应的英文"magnificent_architecture,blue_sky,cloud,"，如图5-85所示。

03 在"ControlNet单元0"选项卡中，添加一张"建筑照片.jpg"图片，勾选"启用"和"完美像素模式"复选框，设置"控制类型"为"Lineart（线稿）"，然后单击红色爆炸图案形状的"Run preprocessor（运行预处理）"按钮，如图5-86所示。

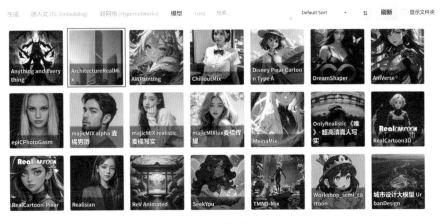

图5-84

图5-85

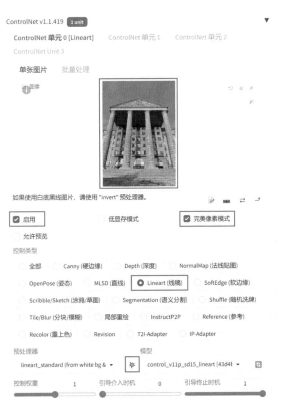

图5-86

04 经过一段时间的计算，在"单张图片"选项卡中图片的旁边会显示计算出来的建筑线稿图，如图5-87所示。

图5-87

05 在"ControlNet单元1"选项卡中，添加一张"建筑照片.jpg"图片，勾选"启用"和"完美像素模式"复选框，设置"控制类型"为"Depth（深度）"，然后单击红色爆炸图案形状的"Run preprocessor（运行预处理）"按钮，如图5-88所示。

图5-88

06 经过一段时间的计算，在"单张图片"选项卡中图片的旁边会显示计算出来的建筑深度图，如图5-89所示。

图5-89

07 在"生成"选项卡中，设置"迭代步数（Steps）"为30、"高分迭代步数"为20、"放大倍数"为1.5、"宽度"为700、"高度"为1000、"总批次数"为2，如图5-90所示。

图5-90

08 设置完成后，绘制出来的效果如图5-91所示。可以看到绘制出来的建筑与照片非常相似，建筑结构也较为准确，且画面中添加了云。

图5-91

09 在Lora选项卡中，单击"Lineart——照片线稿提取"模型，如图5-92所示。

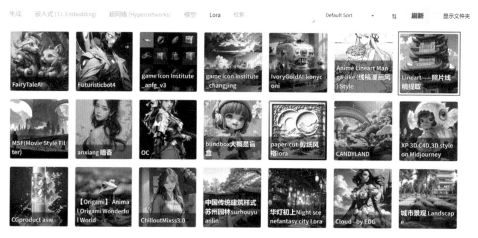

图5-92

10 设置完成后，可以看到该Lora模型出现在正向提示词文本框中，将"Lineart——照片线稿提取"Lora模型的权重设置为1.5，并补充中文提示词"线，单色，简单背景，杰作，最好质量"，按Enter键则可以生成对应的英文"line,monochrome,simple background,masterpiece,best quality,"，如图5-93所示。

图5-93

11 重绘图像，绘制出来的建筑线稿图如图5-94所示，可以看出建筑整体结构较为准确，但是图像中天空部分大量的渐变色使得其看起来还没有明显的手绘效果。

图5-94

12 在"ControlNet单元1"选项卡中，设置"控制权重"为0.1，如图5-95所示。

图5-95

13 再次重绘图像，本实例最终绘制出来的效果如图5-96所示。

图5-96

技巧与提示

　　刚刚接触建筑写生的同学想画好一幅建筑线稿图是有一定难度的。借助AI绘画工具，同学们可以将自己的作品与AI绘画作品进行比对，取长补短，提高自己的绘画手法。注意，使用AI绘画工具不是为了取代人工，而是帮助我们提高专业水平。读者可以自行尝试将拍摄的建筑照片使用相同的操作步骤将其重绘为线稿表现效果图，如图5-97和图5-98所示。

图5-97　　　　　　　　　　　　　　　　　图5-98

5.5.6　实例：根据渲染图绘制产品表现效果图

　　本实例详细讲解如何使用ControlNet插件绘制产品效果图。图5-99所示为本实例所使用的产品渲染图及AI绘制完成的图像结果。

01 在"模型"选项卡中，单击"Product Design"模型，如图5-100所示，将其设置为"Stable Diffusion模型"。

02 设置"外挂VAE模型"为None（无），并在"文生图"选项卡中输入中文提示词"蓝色陶瓷罐子，金色罐口，罐子上有好看的花纹，灰色背景，杰作，最好质量"后，按Enter键则可以生成对应的英文"blue ceramic jar,golden jar mouth,there are beautiful patterns on the jar,grey_background,masterpiece,best quality,"，如图5-101所示。

图5-99

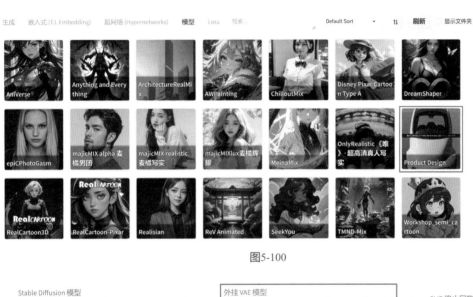

图5-100

| Stable Diffusion 模型 | | 外挂 VAE 模型 | CLIP 终止层数 | 2 |

Product Design.safetensors

None

文生图　　图生图　　后期处理　　PNG 图片信息　　模型融合　　训练　　OpenPose 编辑器　　3D 骨架模型编辑（3D Openpose）

模型转换　　超级模型融合　　模型工具箱　　WD 1.4 标签器　　设置　　扩展

25/75

blue ceramic jar,golden jar mouth,there are beautiful patterns on the jar,grey_background,masterpiece,best quality,

提示词 (25/75)　　　　　　　　　　　　　　　　☑ 请输入新关键词

| blue ceramic jar × | golden jar mouth × | there are beautiful patterns on the jar × | grey_background × | masterpiece × | best quality × |
| 蓝色陶瓷罐子 | 金色罐口 | 罐子上有好看的花纹 | 灰色背景 | 杰作 | 最好质量 |

图5-101

03 在"ControlNet单元0"选项卡中，添加一张"渲染图.png"图片，勾选"启用"和"完美像素模式"复选框，设置"控制类型"为"Canny（硬边缘）"，然后单击红色爆炸图案形状的"Run preprocessor（运行预处理）"按钮，如图5-102所示。

图5-102

04 经过一段时间的计算，在"单张图片"选项卡中图片的旁边会显示计算出来的罐子硬边缘图，如图5-103所示。

图5-103

05 在"ControlNet单元1"选项卡中，添加一张"渲染图.png"图片，勾选"启用"和"完美像素模式"复选框，设置"控制类型"为"Depth（深度）"、"控制权重"为0.5，然后单击红色爆炸图案形状的"Run preprocessor（运行预处理）"按钮，如图5-104所示。

图5-104

06 经过一段时间的计算，在"单张图片"选项卡中图片的旁边会显示计算出来的罐子深度图，如图5-105 所示。

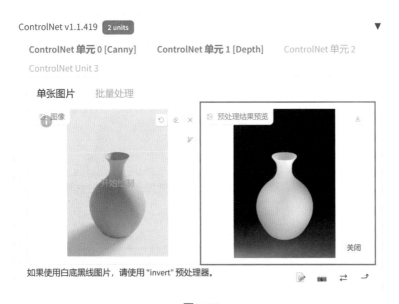

图5-105

07 在"生成"选项卡中，设置"迭代步数（Steps）"为30、"高分迭代步数"为20、"放大倍数"为1.5、"宽度"为700、"高度"为1000、"总批次数"为2，如图5-106所示。

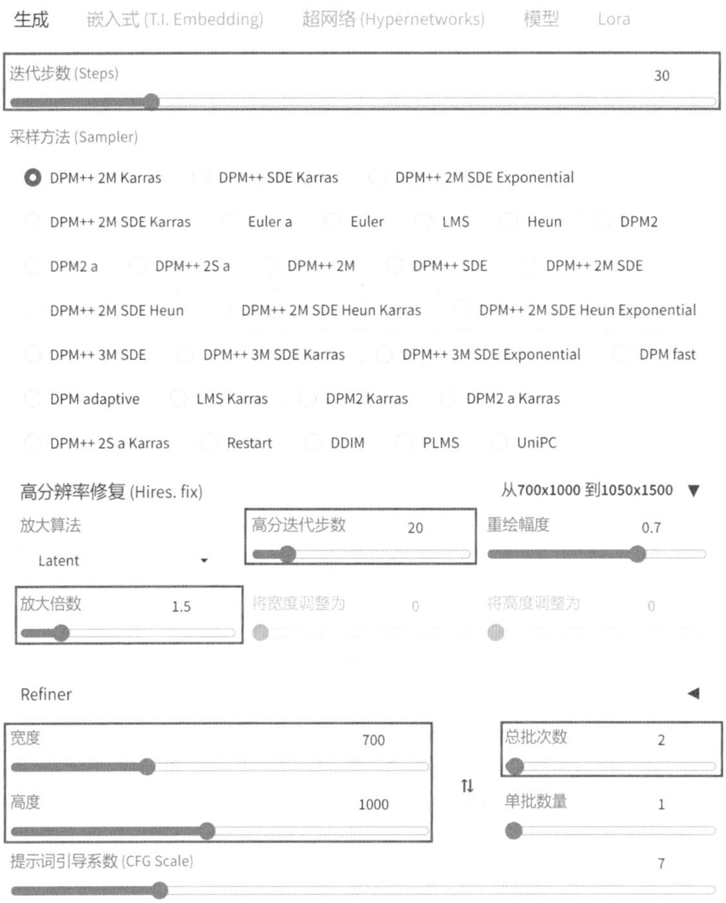

生成　　嵌入式 (T.I. Embedding)　　超网络 (Hypernetworks)　　模型　　Lora

迭代步数 (Steps)　　　　　　　　　　　　　　　　　　　30

采样方法 (Sampler)

- ● DPM++ 2M Karras　　○ DPM++ SDE Karras　　○ DPM++ 2M SDE Exponential
- ○ DPM++ 2M SDE Karras　　○ Euler a　　○ Euler　　○ LMS　　○ Heun　　○ DPM2
- ○ DPM2 a　　○ DPM++ 2S a　　○ DPM++ 2M　　○ DPM++ SDE　　○ DPM++ 2M SDE
- ○ DPM++ 2M SDE Heun　　○ DPM++ 2M SDE Heun Karras　　○ DPM++ 2M SDE Heun Exponential
- ○ DPM++ 3M SDE　　○ DPM++ 3M SDE Karras　　○ DPM++ 3M SDE Exponential　　○ DPM fast
- ○ DPM adaptive　　○ LMS Karras　　○ DPM2 Karras　　○ DPM2 a Karras
- ○ DPM++ 2S a Karras　　○ Restart　　○ DDIM　　○ PLMS　　○ UniPC

高分辨率修复 (Hires. fix)　　　　　　　　　从700x1000 到1050x1500 ▼

放大算法　　　　　　高分迭代步数　　20　　　重绘幅度　　　0.7
Latent

放大倍数　　1.5　　　将宽度调整为　0　　　将高度调整为　0

Refiner　　　　　　　　　　　　　　　◄

宽度　　　　700　　　　　　　总批次数　　2
高度　　　　1000　　　　↑↓　单批数量　　1

提示词引导系数 (CFG Scale)　　　　　　　7

图5-106

08 设置完成后，绘制出来的效果如图5-107所示。可以看到绘制出来的罐子形态与上传的渲染图基本保持一致。

图5-107

09 在Lora选项卡中，单击"IvoryGoldAI-konyconi"模型，如图5-108所示，将其设置为"Stable Diffusion 模型"。

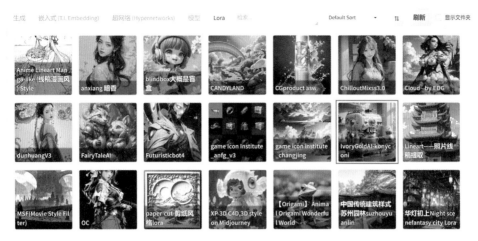

图5-108

10 设置完成后，可以看到该Lora模型出现在正向提示词文本框中，如图5-109所示。

图5-109

11 再次重绘图像，本实例最终绘制出来的效果如图5-110所示。

图5-110

第6章 ——

ADetailer 应用

本章导读

本章讲解如何在Stable Diffusion中使用ADetailer插件来修复角色的面部及身体。

学习要点

ADetailer的应用。

修复角色的面部及身体。

6.1
ADetailer 概述

ADetailer是安装在Stable Diffusion软件中用于修复角色面部、手部及全身姿势的插件，其功能强大，易于掌握，并且可以与其他插件，如ControlNet同时使用。当Stable Diffusion在绘制带有角色的图像时，ADetailer对角色的脸部、手部及全身进行细节计算，从而得到质量更好的AI角色绘画作品，如图6-1~图6-3所示。

图6-1

图6-2

图6-3

6.2
After Detailer 模型

展开ADetailer卷展栏，可以看到下方分为多个单元，允许用户在不同的单元使用不同的After Detailer模型对图像中的角色进行修复，After Detailer模型主要分为三类：面部、手部及全身，如图6-4所示。

- 工具解析

face_yolov8n.pt：为较小的模型，对卡通或写实图像中的角色面部细节进行修复。

face_yolov8s.pt：为较大的模型，对卡通或写实图像中的角色面部细节进行修复，相比于face_yolov8n.pt要更准确一些。

hand_yolov8n.pt：对图像中的角色手部细节进行修复。

person_yolov8n-seg.pt：对图像中的角色全身细节进行修复。

person_yolov8s-seg.pt：对图像中的角色全身细节进行修复，相比于person_yolov8n-seg.pt要更准确一些。

mediapipe_face_full：对写实图像中的全部角色脸部细节进行修复。

mediapipe_face_short：对写实图像中靠近相机的角色脸部细节进行修复。

mediapipe_face_mesh：对写实图像中的角色脸部细节进行网格修复。

mediapipe_face_mesh_eyes_only：对写实图像中的角色脸部上的眼睛进行修复。

√无
face_yolov8n.pt
face_yolov8s.pt
hand_yolov8n.pt
person_yolov8n-seg.pt
person_yolov8s-seg.pt
mediapipe_face_full
mediapipe_face_short
mediapipe_face_mesh
mediapipe_face_mesh_eyes_only

图6-4

6.3
后期处理

"后期处理"选项卡用于缩放图像的尺寸，将我们之前绘制出来的AI作品进行放大处理。通过前几章内容的学习，我们知道目前有相当一部分Stable Diffusion模型及Lora模型是基于512×512像素的图片训练得到的，假如我们直接绘制一张3000×3000像素的图像则非常有可能得到很多小图拼接的效果，不但看起来非常不合适，还会浪费计算机的算力。这就需要我们使用"后期处理"选项卡中的命令来放大图像，得到一张像素大小满足项目需求的作品，如图6-5所示。

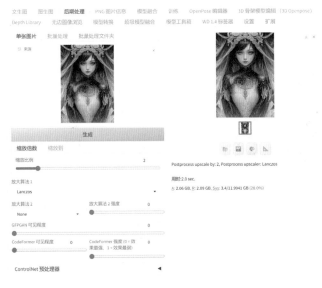

图6-5

6.4
技术实例

6.4.1 实例：修复角色的面部细节

本实例为读者讲解修复多个卡通角色面部及身体的方法，图6-6所示为本实例修复了角色面部后的图像效果。

图6-6

01 在"模型"选项卡中，单击"RealCartoon3D"模型，如图6-7所示，将其设置为"Stable Diffusion模型"。

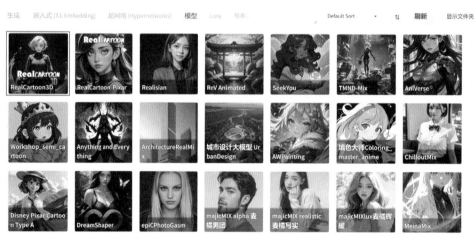

图6-7

02 设置"外挂VAE模型"为None（无），并在"图生图"选项卡中输入中文提示词"2女孩，奔跑，微笑，多彩，最高细节，极端细节"后，按Enter键则可以生成对应的英文"2girls,running,smile,colorful,highest detail,extreme details,"，如图6-8所示。

03 在"嵌入式（T.I.Embedding）"卷展栏中，单击"badhandv4"和"ng_deepnegative_v1_75t"模型，如图6-9所示，将其添加至反向词文本框中，如图6-10所示。

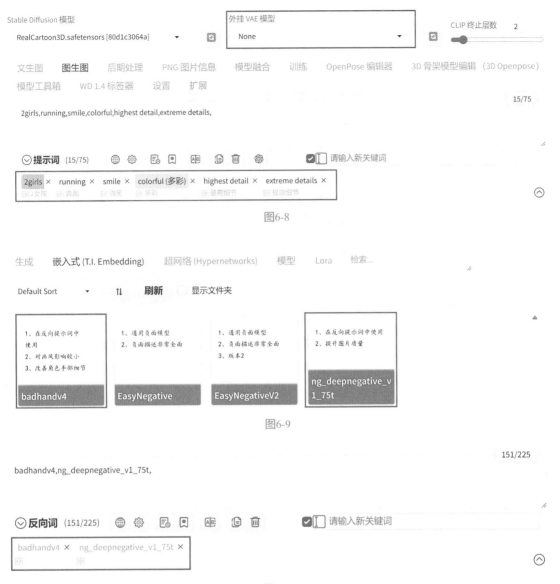

图6-8

图6-9

badhandv4,ng_deepnegative_v1_75t,

图6-10

04 在反向词文本框内输入"正常质量，最差质量，低质量，低分辨率"，按Enter键，即可将其翻译为英文"normal quality,worstquality,low quality,lowres,"，并提高这些反向提示词的权重，如图6-11所示。

图6-11

05 在"生成"选项卡中，上传一张"两个女孩.png"图像，如图6-12所示。

图6-12

06 设置"迭代步数（Steps）"为35、"宽度"为1048、"高度"为1496、"总批次数"为1、"重绘幅度"为0.4，如图6-13所示。

图6-13

07 在ADetailer卷展栏中，勾选"启用After Detailer"复选框，在"单元1"选项卡中，设置"After Detailer模型"为"face_yolov8s.pt"，如图6-14所示。在"单元2"选项卡中，设置"After Detailer模型"为"person_yolov8s-seg.pt"，如图6-15所示。

图6-14　　　　　　　　　　　　　　　　　　　图6-15

08 设置完成后，重绘图像，可以看到在计算的过程中，被识别到的人脸有4个，被识别到的角色身体有6个，如图6-16和图6-17所示。

图6-16　　　　　　　　　　　　图6-17

09 最终绘制出来的效果如图6-18所示。

10 接下来，我们仔细对比前后两幅图像中角色的面部及身体姿势，如图6-19和图6-20所示。仔细观察这两组图像，不难看出重新绘制出来的角色的眼睛及牙齿部分要比之前的图像看起来美观了许多。

图6-18

图6-19

图6-20

技巧与提示

　　读者可以在绘制角色类图像时，直接开启使用ADetailer插件，即可得到较好的角色面容效果。

⑪ 本实例最终绘制完成后的图像效果如图6-21所示。

图6-21

6.4.2　实例：绘制水彩风格角色

　　本实例为读者详细讲解如何绘制水彩风格的女性角色图像，图6-22所示为本实例制作完成的图像结果。

图6-22

01 在"模型"选项卡中，单击"DreamShaper"模型，如图6-23所示，将其设置为"Stable Diffusion模型"。

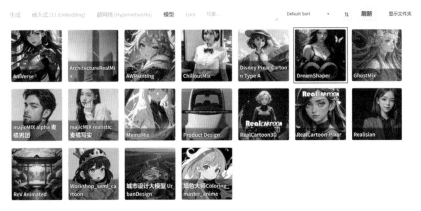

图6-23

02 设置"外挂VAE模型"为None，并输入中文提示词"1女孩，阳光，黑色头发，短发，水彩，墨水，侧脸，上半身，杰作，最好质量"后，按Enter键则可以生成对应的英文"1girl,sunlight,black hair,short hair,watercolor_(medium),ink,side face,upper_body,masterpiece,best quality,"，并设置"水彩"的权重为1.5、"墨水"的权重为1.3，如图6-24所示。

图6-24

03 在"嵌入式（T.I.Embedding）"卷展栏中，单击"badhandv4"和"ng_deepnegative_v1_75t"模型，如图6-25所示，将其添加至反向词文本框中，如图6-26所示。

图6-25

badhandv4,ng_deepnegative_v1_75t,

图6-26

04 在反向词文本框内输入"正常质量，最差质量，低质量，低分辨率"，按Enter键，即可将其翻译为英文"normal quality,worstquality,low quality,lowres,"，并提高这些反向提示词的权重，如图6-27所示。

badhandv4,ng_deepnegative_v1_75t,(normal quality:2),(worstquality:2),(low quality:2),(lowres:2),

图6-27

05 在"生成"选项卡中，设置"迭代步数（Steps）"为35、"高分迭代步数"为20、"放大倍数"为1.5、"宽度"为700、"高度"为1000、"总批次数"为2，如图6-28所示。

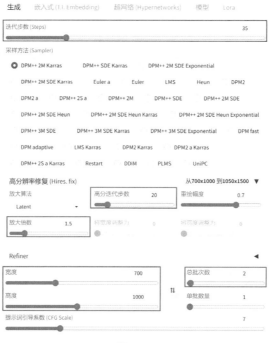

图6-28

06 在ADetailer卷展栏中，勾选"启用After Detailer"复选框，设置"After Detailer模型"为"face_yolov8s.pt"，如图6-29所示。

图6-29

07 设置完成后，可以看到在计算的过程中，角色的面部会自动进行细节修复，如图6-30所示。

图6-30

08 本实例最终绘制出来的效果如图6-31所示。

图6-31

6.4.3 实例：绘制二维风格角色

本实例为读者详细讲解如何绘制二维风格背着双肩包的男生图像，图6-32所示为本实例制作完成的图像结果。

01 在"模型"选项卡中，单击"Workshop_semi_cartoon"模型，如图6-33所示，将其设置为"Stable Diffusion模型"。

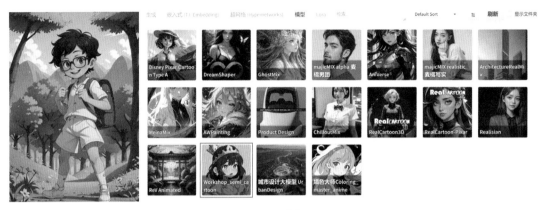

图6-32   图6-33

02 设置"外挂VAE模型"为None（无），并输入中文提示词"1男孩，微笑，戴眼镜，黑色眼睛，黑色头发，树木，花，白色衣服，双肩包，蓝天，云"后，按Enter键则可以生成对应的英文"1boy,smile,wear glasses,black eyes,black hair,forest,flower,white clothes,backpack,blue_sky,cloud,"，如图6-34所示。

图6-34

03 在"嵌入式（T.I.Embedding）"卷展栏中，单击"badhandv4"和"ng_deepnegative_v1_75t"模型，如图6-35所示，将其添加至反向词文本框中，如图6-36所示。

图6-35

badhandv4,ng_deepnegative_v1_75t,

⊘ **反向词** (151/225)　🌐 ⚙️ 📇 🖼 🔤 ⬚ 🗑　☑️▯ 请输入新关键词

badhandv4 ✕　　ng_deepnegative_v1_75t ✕

⌃

图6-36

04 在反向词文本框内输入"正常质量，最差质量，低质量，低分辨率"，按Enter键，即可将其翻译为英文"normal quality,worstquality,low quality,lowres,"，并提高这些反向提示词的权重，如图6-37所示。

badhandv4,ng_deepnegative_v1_75t,(normal quality:2),(worstquality:2),(low quality:2),(lowres:2),

⊘ **反向词** (164/225)　🌐 ⚙️ 📇 🖼 🔤 ⬚ 🗑　☑️▯ 请输入新关键词

badhandv4 ✕　　ng_deepnegative_v1_75t ✕　　(normal quality:2) ✕　(worstquality:2) ✕　(low quality:2) ✕　(lowres:2) ✕

⌄

图6-37

05 在"生成"选项卡中，设置"迭代步数（Steps）"为35、"高分迭代步数"为20、"放大倍数"为1.5、"宽度"为700、"高度"为1000、"总批次数"为2，如图6-38所示。

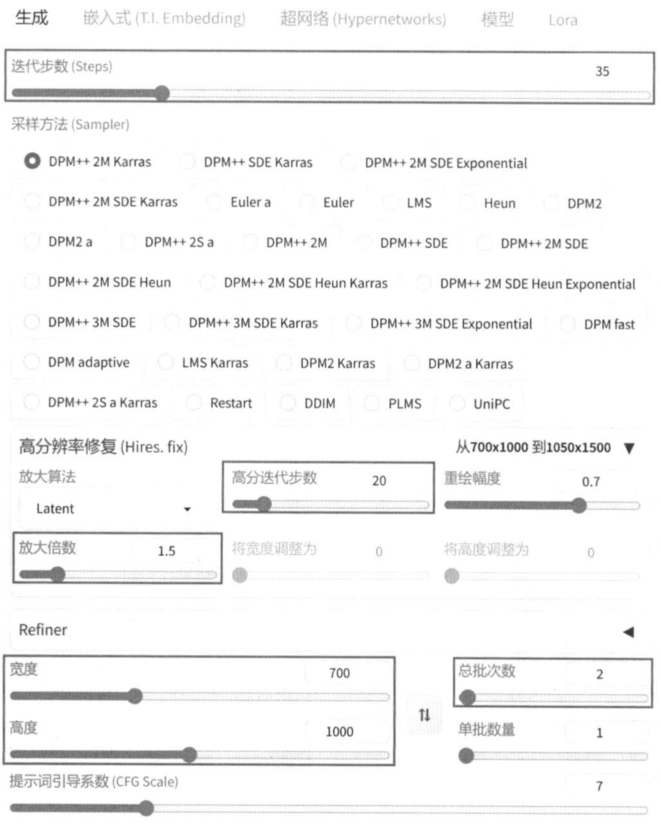

图6-38

06 在ADetailer卷展栏中，勾选"启用After Detailer"复选框，设置"After Detailer模型"为"face_yolov8s.pt"，如图6-39所示。

ADetailer ▼

☑ 启用 After Detailer

v23.11.1

单元 1　单元 2

After Detailer 模型

face_yolov8s.pt ▼

ADetailer 提示词
如果 ADetailer 的提示词为空，则使用默认提示词

ADetailer 反向提示词
如果 ADetailer 的反向提示词为空，则使用默认的反向提示词

图6-39

07 设置完成后，可以看到在计算的过程中，角色的面部会自动进行细节修复，如图6-40所示。

图6-40

08 本实例最终绘制出来的效果如图6-41所示。

图6-41

第 7 章

制作 AI 视频动画

本章导读

本章讲解如何在Stable Diffusion中分别使用AnimateDiff插件和IDeforum插件制作视频动画。

学习要点

安装AnimateDiff插件。

安装Deforum插件。

使用提示词生成视频动画。

使用提示词驱动动画关键帧。

将拍摄的视频进行风格转换。

7.1 AI 视频概述

2024年2月15日，美国人工智能研究公司OpenAI的文生视频大模型Sora的发布，使得AI视频这一领域引起了业界人士的广泛关注，越来越多的视频艺术家意识到AI文生视频或许可以为我们的生活带来无限可能，同时也标志着人工智能领域迈上了一个新的台阶。那么什么是AI视频呢？AI视频是指使用人工智能软件以用户所提供的提示词、图片或视频为依据，重新绘制所生成的短视频。在Stable Diffusion中，有多种插件工具可以制作AI视频，如AnimateDiff、Deforum等。通过前面章节的学习，相信读者已经对文生图有了一定的了解，本章我们来学习如何在Stable Diffusion中，通过输入提示词来生成有趣的视频动画。

7.2 安装 AnimateDiff

AnimateDiff是安装在Stable Diffusion软件中用于生成动画视频的插件，安装方便，功能强大，并且可以与其他插件，如ControlNet同时使用。通过大量的视频剪辑训练，使得AnimateDiff可以快速生成一系列的图像序列帧，最终形成高质量的短视频效果。使用AnimateDiff生成动画后，可以设置保存为MP4视频文件、PNG序列帧文件以及其他多种格式，如图7-1和图7-2所示。

00015-807990341

图7-1

02457-8079903 41-1girl,black hair,smile,sunni ness,blue_sky,...
02458-8079903 42-1girl,black hair,smile,sunni ness,blue_sky,...
02459-8079903 43-1girl,black hair,smile,sunni ness,blue_sky,...
02460-8079903 44-1girl,black hair,smile,sunni ness,blue_sky,...
02461-8079903 45-1girl,black hair,smile,sunni ness,blue_sky,...
02462-8079903 46-1girl,black hair,smile,sunni ness,blue_sky,...
02463-8079903 47-1girl,black hair,smile,sunni ness,blue_sky,...
02464-8079903 48-1girl,black hair,smile,sunni ness,blue_sky,...

02465-8079903 49-1girl,black hair,smile,sunni ness,blue_sky,...
02466-8079903 50-1girl,black hair,smile,sunni ness,blue_sky,...
02467-8079903 51-1girl,black hair,smile,sunni ness,blue_sky,...
02468-8079903 52-1girl,black hair,smile,sunni ness,blue_sky,...
02469-8079903 53-1girl,black hair,smile,sunni ness,blue_sky,...
02470-8079903 54-1girl,black hair,smile,sunni ness,blue_sky,...
02471-8079903 55-1girl,black hair,smile,sunni ness,blue_sky,...
02472-8079903 56-1girl,black hair,smile,sunni ness,blue_sky,...

图7-2

AnimateDiff插件的安装较为简单，操作步骤如下。

01 在"扩展"选项卡中的"可下载"选项卡中，单击"加载扩展列表"按钮，如图7-3所示。

图7-3

02 在搜索栏内输入AnimateDiff，即可快速找到该插件，单击"安装"按钮，如图7-4所示，即可完成插件的安装。安装完成后，重新启动UI，即可在"生成"选项卡下方找到AnimateDiff卷展栏，如图7-5所示。

图7-4

03 展开AnimateDiff卷展栏后，可以看到"动画模型"下拉列表为空，如图7-6所示。

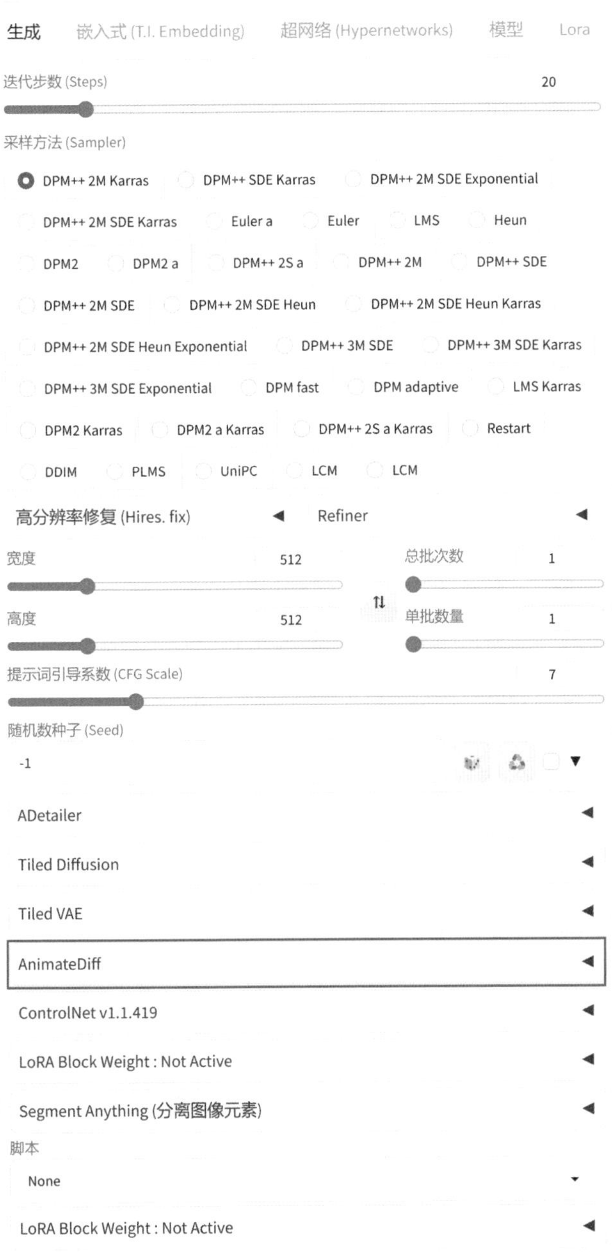

生成　　嵌入式 (T.I. Embedding)　　超网络 (Hypernetworks)　　模型　　Lora

迭代步数 (Steps)　　　　　　　　　　　　　　　　　20

采样方法 (Sampler)

- ● DPM++ 2M Karras　　○ DPM++ SDE Karras　　○ DPM++ 2M SDE Exponential
- ○ DPM++ 2M SDE Karras　　○ Euler a　　○ Euler　　○ LMS　　○ Heun
- ○ DPM2　　○ DPM2 a　　○ DPM++ 2S a　　○ DPM++ 2M　　○ DPM++ SDE
- ○ DPM++ 2M SDE　　○ DPM++ 2M SDE Heun　　○ DPM++ 2M SDE Heun Karras
- ○ DPM++ 2M SDE Heun Exponential　　○ DPM++ 3M SDE　　○ DPM++ 3M SDE Karras
- ○ DPM++ 3M SDE Exponential　　○ DPM fast　　○ DPM adaptive　　○ LMS Karras
- ○ DPM2 Karras　　○ DPM2 a Karras　　○ DPM++ 2S a Karras　　○ Restart
- ○ DDIM　　○ PLMS　　○ UniPC　　○ LCM　　○ LCM

高分辨率修复 (Hires. fix)　　◀　　Refiner　　◀

宽度　　　　　　　　　　512　　　　总批次数　　　　1

⇅

高度　　　　　　　　　　512　　　　单批数量　　　　1

提示词引导系数 (CFG Scale)　　　　7

随机数种子 (Seed)

-1　　　　　　　　　　　　　　　　▼

ADetailer　　◀

Tiled Diffusion　　◀

Tiled VAE　　◀

AnimateDiff　　◀

ControlNet v1.1.419　　◀

LoRA Block Weight : Not Active　　◀

Segment Anything (分离图像元素)　　◀

脚本

None　　　　　　　　　　　▼

LoRA Block Weight : Not Active　　◀

图7-5

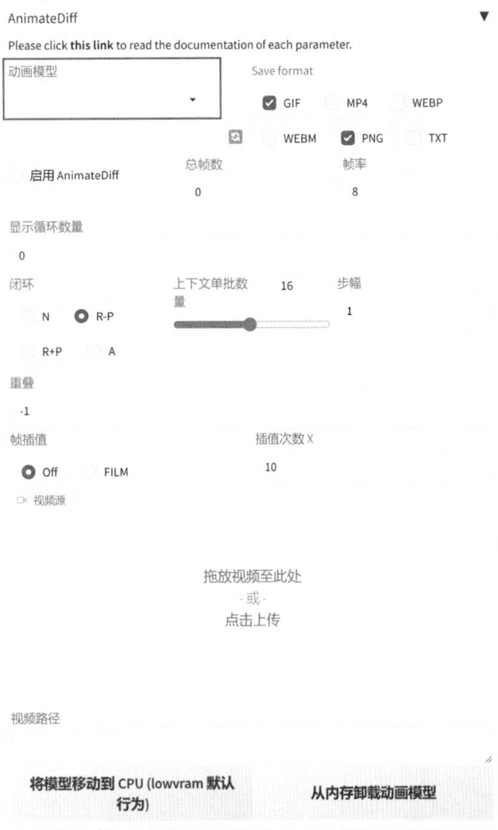

AnimateDiff　　　　　　　　　　　　　　　　▼

Please click **this link** to read the documentation of each parameter.

动画模型　　　　　　　　　Save format
　　　　　　　　　　　　　☑ GIF　　○ MP4　　○ WEBP
　　　　　　▼　　　　　　　○ WEBM　　☑ PNG　　○ TXT

　　　　　　　　　　　　　总帧数　　　　　帧率
○ 启用 AnimateDiff　　　　　0　　　　　　8

显示循环数量
0

闭环　　　　　　　上下文单批数　　步幅
○ N　　● R-P　　量　　　16　　　　1
○ R+P　　○ A

重叠
-1

帧插值　　　　　　插值次数 X
● Off　　○ FILM　　10
○ 视频源

拖放视频至此处
·或·
点击上传

视频路径

将模型移动到 CPU (lowvram 默认
行为)　　　　　　从内存卸载动画模型

图7-6

---

04 读者可以在Hugging Face网站（https://huggingface.co/guoyww/animatediff/tree/main）下载这些动画模型，如图7-7所示，并将模型复制至根目录下extensions/sd-webui-animatediff/model文件夹内才可以正常使用，如图7-8所示。

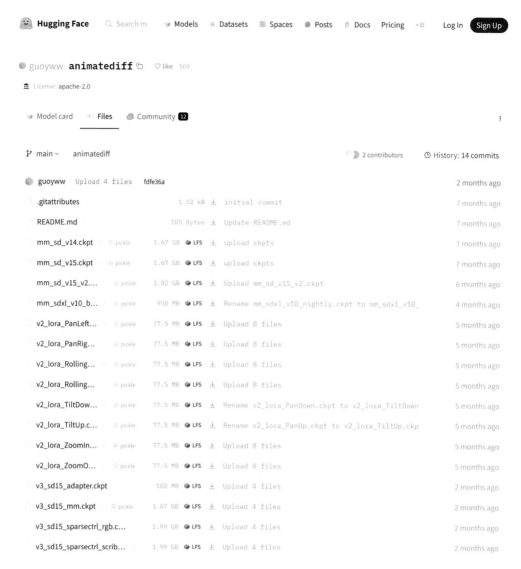

图7-7

图7-8

技巧与提示

AnimateDiff动画模型较多，本书实例仅使用了一个名称为"mm_sd_v15_v2.ckpt"的模型文件，读者可以先下载该模型学习本章中的实例。另外，里面名称带Lora字样的模型也需要下载并且要放到根目录下models\Lora文件夹内，这些模型用于控制镜头的运动。

7.3
安装 Deforum

Deforum是安装在Stable Diffusion软件中用于生成动画视频的插件，安装方便，功能强大，生成的视频可以保存为视频文件，也可以保存为连续的序列帧图像。

Deforum插件的安装较为简单，操作步骤如下。

01 在"扩展"选项卡中的"可下载"选项卡中，单击"加载扩展列表"按钮，如图7-9所示。

图7-9

02 在搜索栏内输入Deforum，即可快速找到该插件，单击"安装"按钮，如图7-10所示，即可完成插件的安装。安装完成后，重新启动UI，即可看到Deforum选项卡，如图7-11所示。

图7-10

03 单击"生成"按钮，即可生成一段兔子变成猫，再变成椰子，最后变成榴梿的小动画，如图7-12所示。该动画的序列帧如图7-13所示。

文生图　　图生图　　后期处理　　PNG图片信息　　模型融合　　训练　　**Deforum**　　OpenPose 编辑器　　无边图像浏览　　模型转换　　超级模型融合

模型工具箱　　WD 1.4 标签器　　设置　　扩展

基本信息与帮助链接　　　　　　　　　　　　　　　　　　◀

生成完成后点这里显示视频

Deforum extension for auto1111 — version 3.0 | Git commit: 32242685

☑ 显示更多信息

中止　　　　　Interrupting...　　　　　生成

运行　　关键帧　　提示词　　初始化　　ControlNet　　混合视频

输出

仅用做运动效果，使用一张静态图片进行初始化。作为绘制运动参考给图

☐ 运动预览模式 (预演)

采样方法	迭代步数	25

Euler a

宽度	512	高度	512

随机数种子 (Seed)

输出图像会置于图生图输出文件夹内含此名称的文件夹中。{timestring} 这个词元会被替换，也支持参数占位符，例如: {seed}, {w}, {h}, {prompts} 等

功能如勾选随机种子，设置 -1 为随机

-1

Deforum_{timestring}

启用可在写一帧生成过程中载入 webui 的图像预览功能

启用以使每帧生成的图像都除去未被识别像素实验性

☐ 面部修复　　　　　☐ 平铺图 (Tiling)

设置文件

设置文件路径可以和对应 SD-Webui 根目录，也可以是完整的绝对路径

端点启用，适用于 Euler a 和其他带有 'a' 的采样方法

deforum_settings.txt

启用 Ancestral 采样方法 ETA 调度

保存设置　　　　　载入所有设置　　　　　载入视频设置

批处理模式，恢复和更多　　　　　　　　　　◀

图7-11

生成完成后点击这里显示视频

Deforum extension for auto1111 — version 3.0 | Git commit: df6a63d5

Pause/Resume　　　　　　中止　　　　　　生成

7% ETA: 01:06

图7-12

图7-13

技巧与提示

　　由于AI绘画的随机性特点，读者不会得到与实例一模一样的视频动画，但是会得到内容相近的动画效果。

　　Deforum插件相比其他插件来说参数较多，但是官方为大多数的参数均提供了官方说明，在Deforum选项卡中，展开"基本信息与帮助链接"卷展栏，即可看到有关该插件的基本信息，如图7-14所示。

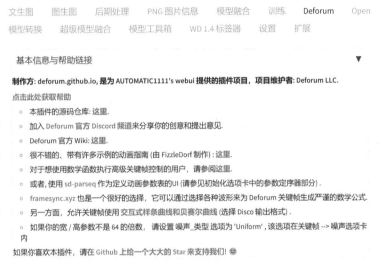

图7-14

　　勾选"显示更多信息"复选框，可显示出该插件中大部分参数的工具解析，如图7-15所示。如果取消勾选"显示更多信息"复选框，则会隐藏参数说明，显示出更加简洁的参数面板，如图7-16所示。

图7-15　　　　　　　　　　　　　　　　　图7-16

技巧与提示

　　由于Deforum插件中的大部分参数的上方均有该参数的解释说明，故不再重复讲解，读者在设置参数前，应仔细阅读这些说明。

7.4
技术实例

7.4.1 实例：在 AnimateDiff 中使用提示词制作女孩微笑动画

本实例讲解在AnimateDiff中使用提示词生成动画的方法，图7-17所示为本实例绘制完成的动画序列帧结果。

图7-17

01 在"模型"选项卡中，单击"majicMIX realistic 麦橘写实"模型，如图7-18所示，将其设置为"Stable Diffusion模型"。

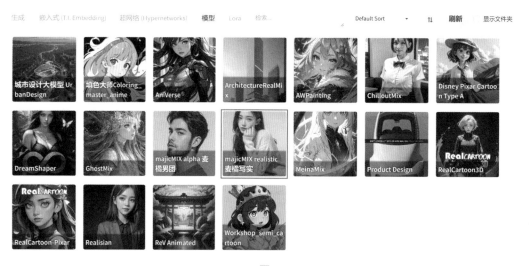

图7-18

02 设置"外挂VAE模型"为None（无），并在"文生图"选项卡中输入中文提示词"1女孩，黑色头发，微笑，T恤，白皮肤，阳光充足，蓝天，云，有风的"后，按Enter键则可以生成对应的英文"1girl,black hair,smile,t-shirt,white_skin,sunniness,blue_sky,cloud,wind,"，如图7-19所示。

03 在反向词文本框内输入"正常质量，最差质量，低质量，低分辨率"，按Enter键，即可将其翻译为英文"normal quality,worstquality,low quality,lowres,"，并提高这些提示词的权重均为2，如图7-20所示。

Stable Diffusion 模型

majicMIX realistic 麦橘写实.safetensors [7c819t ▾

外挂 VAE 模型

None

CLIP 终止层数 2

文生图　图生图　后期处理　PNG 图片信息　模型融合　训练　OpenPose 编辑器　3D 骨架模型编辑 （3D Openpose）
模型转换　超级模型融合　模型工具箱　WD 1.4 标签器　设置　扩展

28/75

1girl,black hair,smile,t-shirt,white_skin,sunniness,blue_sky,cloud,wind,

提示词 (28/75)　　请输入新关键词

1girl × ｜ black hair × ｜ smile × ｜ t-shirt × ｜ white_skin × ｜ sunniness × ｜ blue_sky × ｜ cloud × ｜ wind ×
1女孩　黑色头发　微笑　T恤　白皮肤　阳光充足　蓝天　云　有风的

图7-19

13/75

(normal quality:2),(worstquality:2),(low quality:2),(lowres:2),

反向词 (13/75)　　请输入新关键词

(normal quality:2) × ｜ (worstquality:2) × ｜ (low quality:2) × ｜ (lowres:2) ×
(正常质量:2)　(最差质量:2)　(低质量:2)　(低分辨率:2)

图7-20

技巧与提示

　　不要在反向词里添加"嵌入式（T.I.Embedding）"模型，否则可能会导致生成两段毫不相关的视频效果。

04 在"生成"选项卡中，设置"迭代步数（Steps）"为30、"宽度"为500、"高度"为700，如图7-21所示。

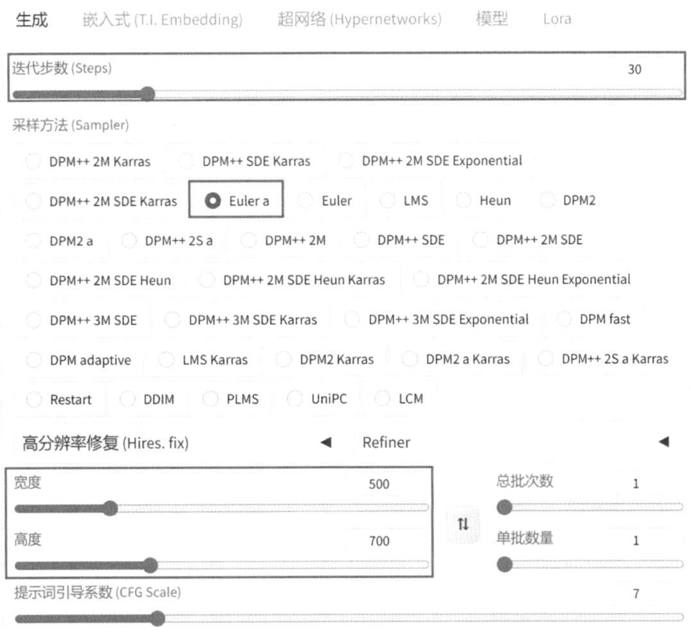

生成　嵌入式 (T.I. Embedding)　超网络 (Hypernetworks)　模型　Lora

迭代步数 (Steps)　30

采样方法 (Sampler)

○ DPM++ 2M Karras　○ DPM++ SDE Karras　○ DPM++ 2M SDE Exponential
○ DPM++ 2M SDE Karras　◉ Euler a　○ Euler　○ LMS　○ Heun　○ DPM2
○ DPM2 a　○ DPM++ 2S a　○ DPM++ 2M　○ DPM++ SDE　○ DPM++ 2M SDE
○ DPM++ 2M SDE Heun　○ DPM++ 2M SDE Heun Karras　○ DPM++ 2M SDE Heun Exponential
○ DPM++ 3M SDE　○ DPM++ 3M SDE Karras　○ DPM++ 3M SDE Exponential　○ DPM fast
○ DPM adaptive　○ LMS Karras　○ DPM2 Karras　○ DPM2 a Karras　○ DPM++ 2S a Karras
○ Restart　○ DDIM　○ PLMS　○ UniPC　○ LCM

高分辨率修复 (Hires. fix)　◀ Refiner　◀

宽度　500　总批次数 1
高度　700　单批数量 1

提示词引导系数 (CFG Scale)　7

图7-21

05 在ADetailer卷展栏中，勾选"启用After Detailer"复选框，如图7-22所示。

图7-22

06 在AnimateDiff卷展栏中，设置"动画模型"为"mm_sd_v15_v2.ckpt"、"Save format（保持格式）"为
GIF、MP4和PNG，勾选"启用AnimateDiff"复选框，设置"总帧数"为16，如图7-23所示。

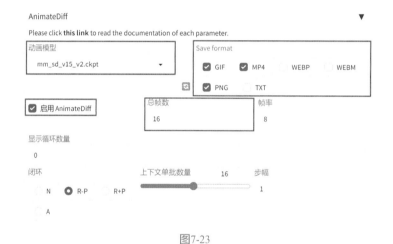

图7-23

技巧与提示

"帧率"为1s内画面的帧数，"总帧数"值除以"帧率"则为动画的总时长。所以，本实例中生成的
动画视频时长为2s。

07 设置完成后，单击"生成"按钮，如图7-24所示，即可开始动画的绘制制作。

图7-24

08 本实例最终绘制完成后的动画单帧图像效果如图7-25所示。保存出来的GIF文件和MP4文件如图7-26所示。

00025-1869362868

00025-1869362868

图7-25 图7-26

7.4.2 实例：在 AnimateDiff 中使用提示词进行驱动关键帧动画

本实例为读者详细讲解在AnimateDiff中使用提示词驱动关键帧动画的方法，使得角色在不同时间里改变面部表情。图7-27所示为本实例绘制完成的动画序列帧结果。

图7-27

01 在"模型"选项卡中，单击"Atomix"模型，如图7-28所示，将其设置为"Stable Diffusion模型"。

图7-28

02 设置"外挂VAE模型"为None（无），并输入中文提示词"1女孩，黑色眼睛，黑色头发，短发，上半身，白色衬衣，红色领带，街道，蓝天，云，有风的，0：睁眼睛，8：闭眼睛，16：闭眼睛，24：睁眼睛，微笑"后，按Enter键则可以生成对应的英文"1girl,black eyes,black hair,short hair,upper_body,white shirt,red_tie,street,blue_sky,cloud,wind,0: open your eyes,8: close your eyes,16: close your eyes,24: open your eyes,smile,"，并对其进行分段设置，如图7-29所示。

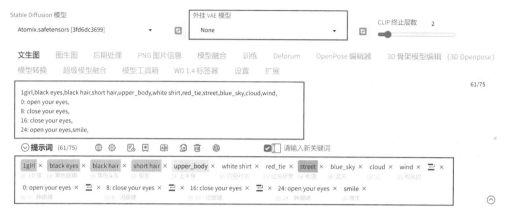

图7-29

03 在反向词文本框内输入"正常质量，最差质量，低质量，低分辨率"，按Enter键，即可将其翻译为英文"normal quality,worstquality,low quality,lowres,"，并提高这些反向提示词的权重，如图7-30所示。

图7-30

04 在"生成"选项卡中，设置"迭代步数（Steps）"为30、"宽度"为512、"高度"为768，如图7-31所示。

图7-31

05 在ADetailer卷展栏中，勾选"启用After Detailer"复选框，设置"After Detailer模型"为"face_yolov8n.pt"，如图7-32所示。

06 在AnimateDiff卷展栏中，设置"动画模型"为"mm_sd_v15_v2.ckpt"、"Save format（保持格式）"为GIF、MP4和PNG，勾选"启用AnimateDiff"复选框，设置"总帧数"为32、"闭环"为N，如图7-33所示。

图7-32　　　　　　　　　　　　　　　　　　　　图7-33

07 设置完成后，即可生成动画，最终Stable Diffusion会连续绘制32幅图像，如图7-34所示。

图7-34

08 本实例最终绘制完成后的动画单帧图像效果如图7-35所示。

图7-35

技巧与提示

　　AI视频的生成效果与AI绘图一样，均具有较大的随机性，读者可以自行尝试多生成几次，选择满意的效果留用。

7.4.3　实例：在 AnimateDiff 中将拍摄的视频进行风格转换

　　使用AnimateDiff插件，我们可以将日常拍摄的视频进行风格转换，生成带有AI随机特征的动画效果。本实例为读者详细讲解如何提取视频中角色的姿态来生成动画，图7-36所示为本实例绘制完成的动画序列帧结果。

图7-36

01 在"模型"选项卡中,单击"RealCartoon-Pixar"模型,如图7-37所示,将其设置为"Stable Diffusion 模型"。

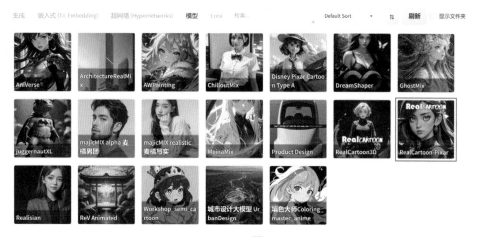

图7-37

02 设置"外挂VAE模型"为None(无),并输入中文提示词"1女孩,黑色头发,马尾辫,白色T恤,蓝色裤子,运动鞋,河流,石头,背对镜头,最好质量,走路,森林,不拿任何东西,侧脸"后,按Enter键则可以生成对应的英文"1girl,black hair,ponytail,white t-shirt,blue_pants,sneakers,river,stone,back to camera,best quality,walking,forest,do not take anything,side face,",并提高提示词"不拿任何东西"的权重,如图7-38所示。

图7-38

03 在反向词文本框内输入"正常质量,最差质量,低质量,低分辨率,面向镜头,正脸",按Enter键,即可将其翻译为英文"normal quality,worstquality,low quality,lowres,facing the camera,face up,",并提高"最差质量,低质量,低分辨率"的权重,如图7-39所示。

图7-39

04 在"生成"选项卡中,设置"迭代步数(Steps)"为30、"宽度"为800、"高度"为450,如图7-40所示。

05 在ADetailer卷展栏中,勾选"启用After Detailer"复选框,如图7-41所示。

图7-40 图7-41

06 在AnimateDiff卷展栏中，设置"动画模型"为"mm_sd_v15_v2.ckpt"、"Save format（保持格式）"为GIF、MP4和PNG，勾选"启用AnimateDiff"复选框，设置"闭环"为N、"上下文单批数量"为20，并上传一个"行走.mp4"视频文件，如图7-42所示。

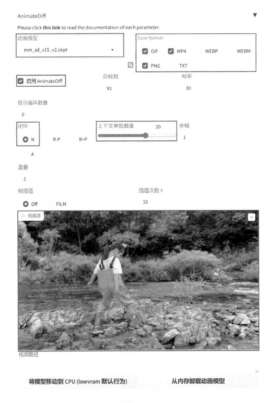

图7-42

07 展开ControlNet卷展栏，在"ControlNet单元0"选项卡中，勾选"启用"和"完美像素模式"复选框，设置"控制类型"为"OpenPose（姿态）"，如图7-43所示。

图7-43

08　在"ControlNet单元1"选项卡中，勾选"启用"和"完美像素模式"复选框，设置"控制类型"为"Lineart（线稿）"、"控制权重"为0.6，如图7-44所示。

图7-44

09　设置完成后，单击"生成"按钮，即可根据上传的视频重新生成动画效果，如图7-45所示。

图7-45

10 本实例最终绘制完成后的动画单帧图像效果如图7-46所示。

1girl,black hair,ponytail,white t-shirt,blue_pants,sneakers,river,stone,back to camera,best quality,walking,forest,(((do not take anything))),side face,
Negative prompt: normal quality,(worstquality:2),(low quality:2),(lowres:2),facing the camera,face up,
Steps: 30, Sampler: DPM++ 2M Karras, CFG scale: 7, Seed: 1442867409, Size: 800x450, Model hash: c45dbe2694,
Model: RealCartoon-Pixar, Clip skip: 2, AnimateDiff: "enable: True, model: mm_sd_v15_v2.ckpt, video_length: 91,
fps: 30, loop_number: 0, closed_loop: N, batch_size: 20, stride: 1, overlap: 5, interp: Off, interp_x: 10, mm_hash:
69ed0f5f", ADetailer model: face_yolov8n.pt, ADetailer confidence: 0.3, ADetailer dilate erode: 4, ADetailer mask
blur: 4, ADetailer denoising strength: 0.4, ADetailer inpaint only masked: True, ADetailer inpaint padding: 32,
ADetailer version: 23.11.1, ControlNet 0: "Module: openpose_full, Model: control_v11p_sd15_openpose
[cab727d4], Weight: 1, Resize Mode: Crop and Resize, Low Vram: False, Processor Res: 512, Guidance Start: 0,
Guidance End: 1, Pixel Perfect: True, Control Mode: Balanced, Save Detected Map: True", ControlNet 1: "Module:
lineart_standard (from white bg & black line), Model: control_v11p_sd15_lineart [43d4be0d], Weight: 0.6, Resize
Mode: Crop and Resize, Low Vram: False, Processor Res: 512, Guidance Start: 0, Guidance End: 1, Pixel Perfect:
True, Control Mode: Balanced, Save Detected Map: True", Version: v1.6.0-2-g4afaaf8a

用时:**51 min. 26.0 sec.**   A: **11.28 GB**, R: **12.59 GB**, Sys: **12.0/11.9941 GB** (100.0%)

图7-46

7.4.4 实例：在 AnimateDiff 中使用 Lora 模型控制镜头运动

本实例讲解在AnimateDiff中如何使用Lora模型控制镜头运动效果，图7-47所示为本实例绘制完成的动画序列帧结果。

图7-47

01 在"模型"选项卡中,单击"DreamShaper"模型,如图7-48所示,将其设置为"Stable Diffusion模型"。

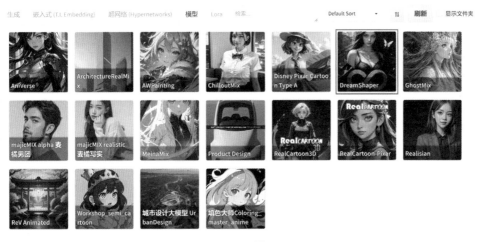

图7-48

02 设置"外挂VAE模型"为None(无),并在"文生图"选项卡中输入中文提示词"一辆在公路上行驶的红色跑车,森林,蓝天,云,运动模糊"后,按Enter键则可以生成对应的英文"a red sports car driving on the road,forest,blue_sky,cloud,motion_blur,",如图7-49所示。

图7-49

03 在Lora选项卡中，单击"v2_lora_PanLeft"模型，如图7-50所示。

图7-50

技巧与提示

　　官方为用户提供了8个Lora模型，分别用来控制镜头的上移、下沉、向左、向右、顺时针旋转、递时针旋转、推进和拉远。

---

04 设置完成后，可以看到该Lora模型会出现在正向提示词文本框中，将"v2_lora_PanLeft"Lora模型的权重设置为0.7，如图7-51所示。

图7-51

05 在反向词文本框内输入"正常质量，最差质量，低质量，低分辨率"，按Enter键，即可将其翻译为英文"normal quality,worstquality,low quality,lowres,"，并提高这些提示词的权重均为2，如图7-52所示。

图7-52

06 在"生成"选项卡中，设置"迭代步数（Steps）"为30、"宽度"为800、"高度"为450，如图7-53所示。

07 在AnimateDiff卷展栏中，设置"动画模型"为"mm_sd_v15_v2.ckpt"、"Save format（保持格式）"为GIF、MP4和PNG，勾选"启用AnimateDiff"复选框，设置"总帧数"为16、"闭环"为N，如图7-54所示。

08 本实例最终绘制完成后的动画单帧图像效果如图7-55所示。

图7-53

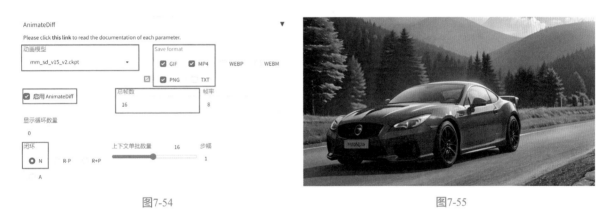

图7-54   图7-55

7.4.5 实例：在 Deforum 中使用提示词制作场景变换动画

本实例为读者详细讲解如何在Deforum中使用提示词制作场景变换动画，图7-56所示为本实例绘制完成的动画序列帧结果。

图7-56

01 在"模型"选项卡中，单击"儿童绘本插画MOMO"模型，如图7-57所示，将其设置为"Stable Diffusion 模型"。

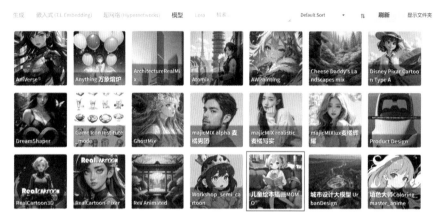

图7-57

02 设置"外挂VAE模型"为None（无），并在"文生图"选项卡中输入中文提示词"木屋，花园，树，多彩的花，蓝天，云"后，按Enter键则可以生成对应的英文"log_cabin,gaden,tree,colorful flowers,blue_sky,cloud,"，如图7-58所示。

图7-58

03 在反向词文本框内输入"水印，签名"，按Enter键，即可将其翻译为英文"watermark,signature,"，并提高这些反向提示词的权重，如图7-59所示。

watermark,signature,

5/75

⊙ 反向词 (5/75)   🌐 ⚙️ 📇 🔖 📑 📋 🗑️   ☑️▯ 请输入新关键词

| watermark × | signature × |
| 水印 | 签名 |

⊙

图7-59

04 在"生成"选项卡中，设置"迭代步数（Steps）"为35、"宽度"为800、"高度"为450、"总批次数"为4，如图7-60所示。

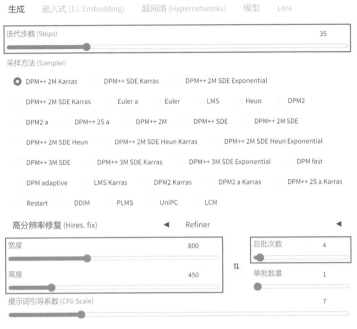

图7-60

05 设置完成后，绘制出来的效果如图7-61所示，可以看到这些图像的效果基本符合之前所输入的提示词。

图7-61

06 在"提示词"选项卡中，将生成该画面的正向英文提示词复制并粘贴至"提示词"文本框中如图7-62所示位置处，使得在第0帧位置处，视频动画为一个有木屋的花园场景。

图7-62

07 在"文生图"选项卡中删除之前的提示词，重新输入中文提示词"公交车，街道，山脉，树，房子，蓝天，云"后，按Enter键则可以生成对应的英文"bus,street,mountain,tree,house,blue_sky,cloud,"，如图7-63所示。

图7-63

08 设置完成后，绘制出来的效果如图7-64所示，可以看到这些图像的效果基本符合之前所输入的提示词，这样我们就对视频动画里后来出现的街道场景效果有了一个大概的了解。

图7-64

09 在"提示词"选项卡中，将生成该画面的正向英文提示词复制并粘贴至"提示词"文本框中如图7-65所示位置处，使得在第60帧位置处，视频动画为一个有公交车的街道场景。

运行   关键帧   **提示词**   初始化   ControlNet   混合视频   输出

关于提示词模式的重要提示   ◀

提示词
JSON 格式的完整提示词列表, 左边的值是帧序号

```
{
  "0": "log_cabin,gaden,tree,colorful flowers,blue_sky,cloud,",
  "60": "bus,street,mountain,tree,house,blue_sky,cloud,"
}
```

图7-65

10 在"提示词"选项卡中，将"文生图"选项卡中的英文反向提示词复制并粘贴至"反向提示词"文本框中，如图7-66所示。

运行   关键帧   **提示词**   初始化   ControlNet   混合视频   输出

关于提示词模式的重要提示   ◀

提示词
JSON 格式的完整提示词列表, 左边的值是帧序号

```
{
  "0": "log_cabin,gaden,tree,colorful flowers,blue_sky,cloud,",
  "60": "bus,street,mountain,tree,house,blue_sky,cloud,"
}
```

正向提示词
    这里的提示词将被添加到所有正向提示词的开头

反向提示词
    watermark,signature,

蒙版组合调度计划   ◀

图7-66

11 在"运行"选项卡中，设置"迭代步数"为35、"宽度"为800、"高度"为450，如图7-67所示。

12 在"关键帧"选项卡中，设置"动画模式"为3D、"边界处理模式"为"覆盖"、"最大帧数"为120，如图7-68所示。

13 在"运动"选项卡中，设置"平移Z"为"0：(0)"、"3D翻转Y"为"0：(1)"，如图7-69所示。

图7-67

图7-68　　　　　　　　　　　　　　　　　　　　　　图7-69

14 单击"生成"按钮,如图7-70所示,即可开始根据我们的提示词生成视频动画。

图7-70

15 本实例生成的动画视频效果如图7-71所示。

图7-71

16 在"绘世-启动器"主页面上，单击"图生图（单图）"按钮，如图7-72所示。

图7-72

17 在弹出的img2img-images文件夹中，即可看到一个新的文件夹，这里包含Mp4格式的视频以及该动画的序列帧图像，如图7-73所示。

图7-73

7.4.6 实例：在 Deforum 中制作眨眼睛的女孩动画

本实例为读者详细讲解如何在Deforum中使用提示词制作一个女孩眨眼睛的动画效果，图7-74所示为本实例绘制完成的动画序列帧结果。

图7-74

01 在"模型"选项卡中,单击"Atomix"模型,如图7-75所示,将其设置为"Stable Diffusion模型"。

图7-75

02 设置"外挂VAE模型"为None(无),并在"文生图"选项卡中输入中文提示词"1女孩,黑色头发,长发,波浪头发,红色格子衬衣,蓝色领带,上半身,街道"后,按Enter键则可以生成对应的英文"1girl,black hair,long hair,wavy hair,red plaid shirt,blue_necktie,upper_body,street,",如图7-76所示。

图7-76

03 在反向词文本框内输入"正常质量,最差质量,低质量,低分辨率",按Enter键,即可将其翻译为英文"normal quality,worstquality,low quality,lowres,",并提高这些反向提示词的权重,如图7-77所示。

图7-77

04 在"生成"选项卡中，设置"迭代步数（Steps）"为35、"宽度"为512、"高度"为768、"总批次数"为4，如图7-78所示。

图7-78

05 在ADetailer卷展栏中，勾选"启用After Detailer"复选框，如图7-79所示。

图7-79

06 设置完成后，绘制出来的效果如图7-80所示，可以看到这些图像的效果基本符合之前所输入的提示词，我们可以选择其中一张满意的图像作为AI视频动画的第一帧图像。

图7-80

07 在"提示词"选项卡中,将生成该画面的正向英文提示词和反向提示词分别复制并粘贴至"正向提示词"文本框和"反向提示词"文本框中,如图7-81所示。

☑ 显示更多信息

运行　关键帧　**提示词**　初始化　ControlNet　混合视频　输出

关于提示词模式的重要提示　　　　　　　　　　◀

提示词
JSON 格式的完整提示词列表,左边的值是帧序号

```
{
    "0": "tiny cute bunny, vibrant diffraction, highly detailed, intricate, ultra hd, sharp photo, crepuscular rays, in focus",
    "30": "anthropomorphic clean cat, surrounded by fractals, epic angle and pose, symmetrical, 3d, depth of field",
    "60": "a beautiful coconut --neg photo, realistic",
    "90": "a beautiful durian, award winning photography"
}
```

正向提示词
1girl,black hair,long hair,wavy hair,red plaid shirt,blue_necktie,upper_body,street,

反向提示词
(normal quality:2),(lowres:2),(low quality:2),(worstquality:2),

蒙版组合调度计划　　　　　　　　　　◀

图7-81

08 在"文生图"选项卡中删除之前的提示词,重新输入中文提示词"睁眼睛,闭眼睛,睁眼睛,微笑,微笑,树,多彩的花,花园"后,按Enter键则可以生成对应的英文"open your eyes,close your eyes,open your eyes,smile,smile,tree,colorful flowers,gaden,",如图7-82所示。

图7-82

09 在"提示词"选项卡中,将生成的正向英文提示词分别复制并粘贴至"提示词"文本框中如图7-83所示位置处,控制角色在不同的时间段内的面部表情及角色的背景变化。

10 在"初始化"选项卡中,勾选"启用初始化"复选框,设置"强度"为1,并将之前生成的较为满意的角色图像上传至"初始化图像输入框"内,使得其作为该视频动画的第1帧,如图7-84所示。

11 在"运行"选项卡中,设置"迭代步数"为40、"宽度"为512、"高度"为768,勾选"面部修复"复选框,如图7-85所示。

12 在"关键帧"选项卡中,设置"动画模式"为3D、"边界处理模式"为"覆盖"、"强度调度计划"为"0:(0.8)",如图7-86所示。

13 在"运动"选项卡中,设置"平移Z"为"0:(-0.5)",如图7-87所示。

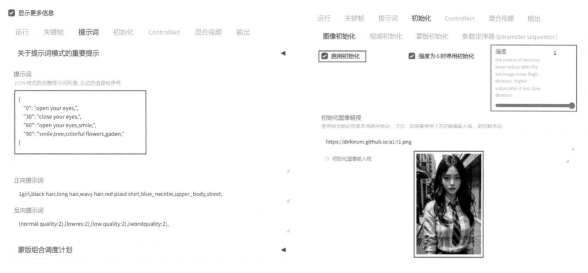

显示更多信息
运行
关键帧
提示词
初始化
ControlNet
混合视频
输出
关于提示词模式的重要提示
提示词
JSON 格式的完整提示词列表, 左边的值是帧序号
{
"0": "open your eyes,",
"30": "close your eyes,",
"60": "open your eyes,smile,",
"90": "smile,tree,colorful flowers,gaden,"
}
正向提示词
1girl,black hair,long hair,wavy hair,red plaid shirt,blue_necktie,upper_body,street,
反向提示词
(normal quality:2),(lowres:2),(low quality:2),(worstquality:2),
蒙版组合调度计划

图7-83

运行
关键帧
提示词
初始化
ControlNet
混合视频
输出
图像初始化
视频初始化
蒙版初始化
参数定序器 (parameter sequencer)
启用初始化
强度为 0 时停用初始化
强度
1
初始化图像链接
https://deforum.github.io/a1/I1.png
初始化图像输入框

图7-84

显示更多信息
运行
关键帧
提示词
初始化
ControlNet
混合视频
输出
运动预览模式 (预演)
采样方法
Euler a
迭代步数
40
宽度
512
高度
768
随机数种子 (Seed)
-1
批次名称
Deforum_{timestring}
面部修复
平铺图 (Tiling)
启用 Ancestral 采样方法 ETA 调度
批处理模式，恢复和更多

图7-85

显示更多信息
运行
关键帧
提示词
初始化
ControlNet
混合视频
输出
动画模式
动画控制模式，会在修改模式后自动隐藏不相关参数
2D
3D
视频输入
插值
边界处理模式
复制
覆盖
生成间隔
2
最大帧数
120
引导图像
强度
CFG
随机数种子 (Seed)
第二种子
迭代步数
采样方法
模型
强度调度计划
0: (0.8)

图7-86

运动
噪声(点)
一致性
模糊抑制
深度变形 & 视场角
平移 X
0: (0)
平移 Y
0: (0)
平移 Z
0: (-0.5)
3D 翻转 X
0: (0)
3D 翻转 Y
0: (0)
3D 翻转 Z
0: (0)
启用透视翻转

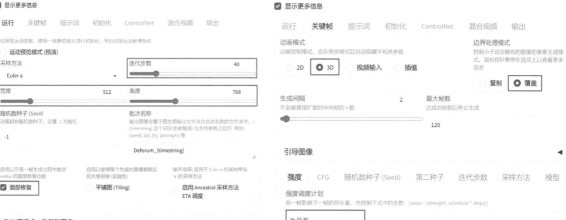

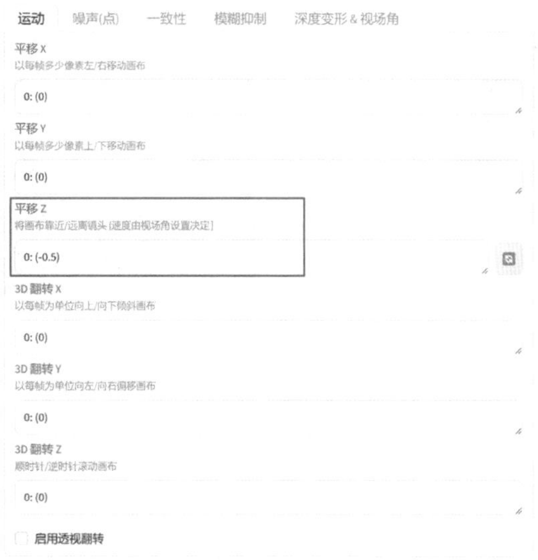

图7-87

14 单击"生成"按钮，如图7-88所示，即可开始根据我们的提示词生成视频动画。

图7-88

15 本实例生成的动画视频效果如图7-89所示。

图7-89

技巧与提示

读者可以对比使用AnimateDiff和Deforum制作出来的角色视频动画效果，两者风格差异明显，各有优点。使用AnimateDiff可以制作出相对来说一致性较好的短视频，Deforum则可以制作出较长的瞬息万变的动画效果，给人一种好像穿越了平行世界的感觉。

第 8 章
ComfyUI 工作流

本章导读

本章讲解如何在ComfyUI界面中进行AI绘画。

学习要点

熟悉默认工作流。

搭建文生视频工作流。

8.1
ComfyUI 概述

ComfyUI是Stable Diffusion 的另一种操作界面，与本书之前章节中所讲的 WebUI 在底层逻辑上是一样的。ComfyUI的界面与WebUI的界面看起来差异明显，其特点是允许用户自由地使用各种各样功能的节点来组成AI绘画工作流，这样可以使得原本需要在不同板块里进行的工作通过这些节点串联到一起，使得AI绘画的流程看起来更加清晰。图8-1所示为使用ComfyUI的默认文生图工作流绘制的魔法瓶子效果。

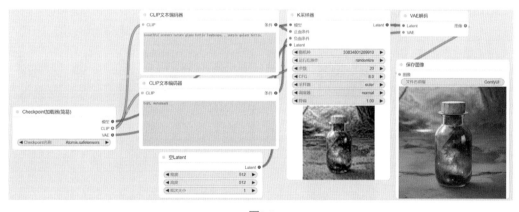

图8-1

如果读者学习了本书之前的章节，可以看出Stable Diffusion 的WebUI界面的面板及相应参数的位置都是固定的，所以较易学习。而ComfyUI的节点需要用户通过右击鼠标来进行创建，故ComfyUI不太适合刚接触Stable Diffusion的新手直接开始学习，建议读者按本书章节学习完Stable Diffusion 的WebUI界面后，对AI绘画的基本操作步骤较为熟悉，再学习ComfyUI会较为容易上手。此外，无论使用WebUI界面还是使用ComfyUI界面，其最终制作的绘画作品或视频动画的质量都是一样的，选择哪一个软件界面主要还是看个人习惯。

8.2
ComfyUI 界面

启动ComfyUI后，其工作区内会自动加载并显示出文生图的工作流，如图8-2所示。仔细观察这个工作流中的各节点，不难发现这些参数与 WebUI 非常相似。

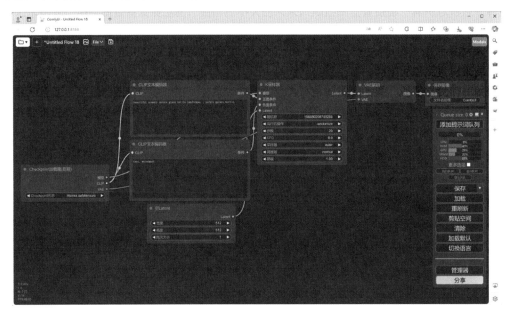

图8-2

单击齿轮形状的Settings按钮，如图8-3所示，在系统弹出的Settings面板中，设置"调色板"为"明亮"，如图8-4所示，可以更改界面的显示颜色，如图8-5所示。

图8-3   图8-4

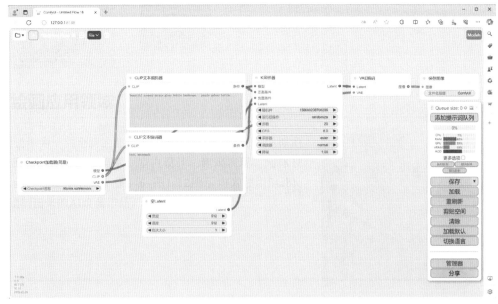

图8-5

8.3
综合实例：在 ComfyUI 中绘制盲盒角色

本实例为读者讲解如何在ComfyUI中绘制一个盲盒角色，通过该实例，我们既可以复习文生图的操作步骤，又可以学习如何在ComfyUI中搭建文生图工作流。图8-6所示为本实例制作完成的图像结果。

图8-6

8.3.1 搭建标准文生图工作流

01 启动ComfyUI后，单击软件界面右侧的"清除"按钮，如图8-7所示，即可将默认工作流删除。

图8-7

> **技巧与提示**
>
> 在本节对应的教学视频中，还为读者讲解了ComfyUI的基本操作技巧。

02 在工作区中，右击并在弹出的快捷菜单中执行"新建节点"|"加载器"|"Checkpoint加载器（简易）"命令，如图8-8所示，即可添加一个"Checkpoint加载器（简易）"节点，如图8-9所示。

图8-8

图8-9

03 右击并在弹出的快捷菜单中执行"新建节点"|"条件"|"CLIP文本编码器"命令，如图8-10所示，即可添加一个"CLIP文本编码器"节点，并将其与"Checkpoint加载器（简易）"节点进行连接，如图8-11所示。

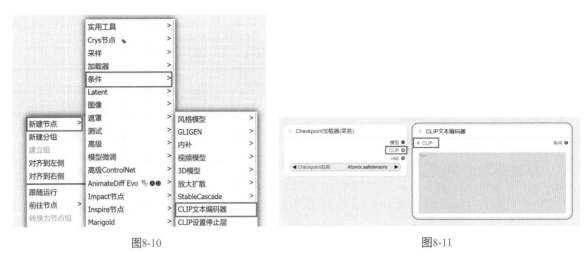

图8-10   图8-11

04 选择"CLIP文本编码器"节点,按Ctrl+C组合键,再按Ctrl+V组合键,对其进行复制,并将其与"Checkpoint加载器(简易)"节点进行连接,如图8-12所示。

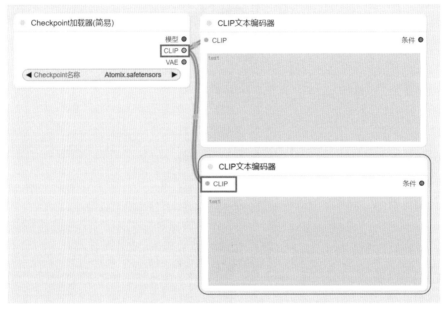

图8-12

05 右击并在弹出的快捷菜单中执行"新建节点"|"采样"|"K采样器"命令,如图8-13所示,即可添加一个"K采样器"节点,并将其与"CLIP文本编码器"节点和"Checkpoint加载器(简易)"节点进行连接,如图8-14和图8-15所示。

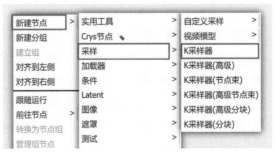

图8-13

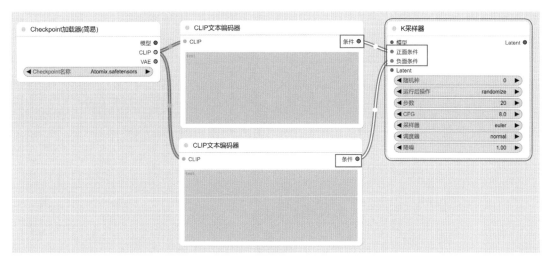

图8-14

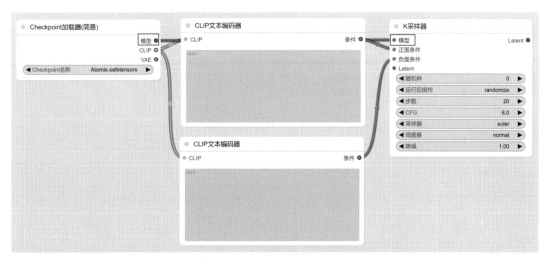

图8-15

06 右击并在弹出的快捷菜单中执行"新建节点"|Latent|"空Latent"命令，如图8-16所示，即可添加一个"空Latent"节点，并将其与"K采样器"节点进行连接，如图8-17所示。

图8-16

07 右击并在弹出的快捷菜单中执行"新建节点"|Latent|"VAE解码"命令，如图8-18所示，即可添加一个"VAE解码"节点，并将其与"K采样器"节点和"Checkpoint加载器（简易）"节点进行连接，如图8-19和图8-20所示。

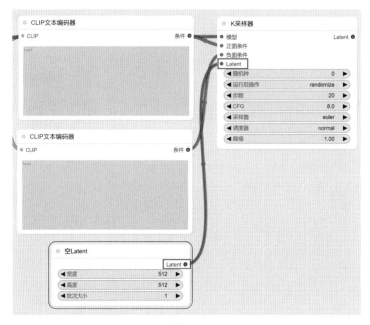

图8-17

图8-18   图8-19

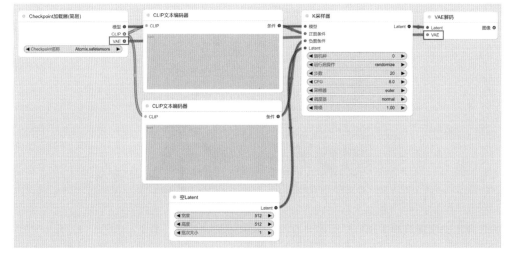

图8-20

08 右击并在弹出的快捷菜单中执行"新建节点"|"图像"|"保存图像"命令，如图8-21所示，即可添加一个"保存图像"节点，并将其与"VAE解码"节点进行连接，如图8-22所示。

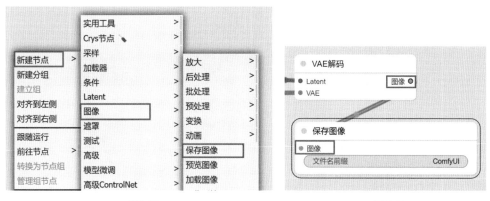

图8-21　　　　　　　　　　　　　　　　　　　　图8-22

09 这样，一个标准工作流就搭建完成了，如图8-23所示。

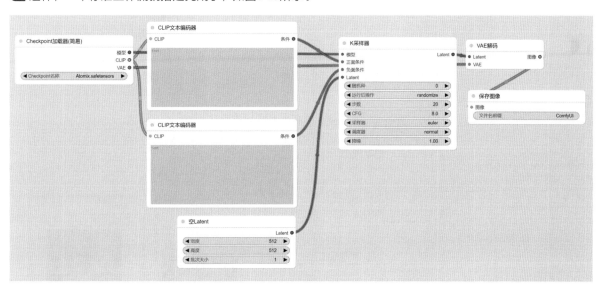

图8-23

10 在"Checkpoint加载器（简易）"节点中，设置模型为"ReV Animated.safetensors"，如图8-24所示。

图8-24

11 在两个"CLIP文本编码器"节点中分别输入正向提示词"1girl, lovely,smile, short_hair, black_hair, red_skirt, sneakers, full_body, chibi, green_background，"和反向提示词"lowres，"，如图8-25所示。

12 单击"添加提示词队列"按钮，如图8-26所示。

图8-25   图8-26

🔟 绘制出来的图像效果如图8-27所示。

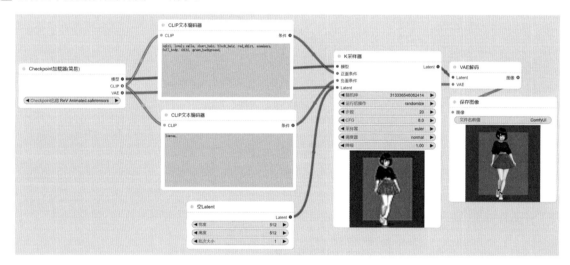

图8-27

技巧与提示

　　按住Ctrl键，可以框选节点。

　　按住Shift键，可以将框选的多个节点进行移动。

　　按住Alt键，可以以拖动的方式复制所选择的节点。

8.3.2　补充高分辨率修复工作流

01 右击并在弹出的快捷菜单中执行"新建节点"|Latent|"Latent按系数缩放"命令，如图8-28所示，即可添加一个"Latent按系数缩放"节点，并将其与"K采样器"节点进行连接，如图8-29所示。

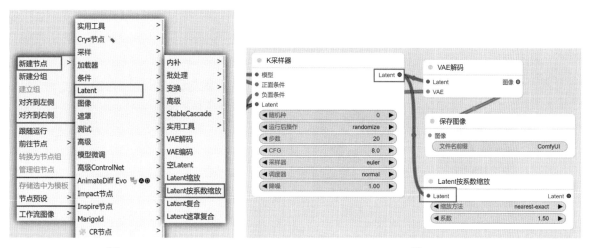

图8-28　　　　　　　　　　　　　　　　　　　　　　　图8-29

02 将"K采样器"节点、"VAE解码"节点和"保存图像"节点选中，按Ctrl+C组合键，再按Ctrl+V组合键，对其进行复制，并使用同样的方法将其与"CLIP文本编码器"节点和"Checkpoint加载器（简易）"节点进行连接，如图8-30所示，即可得到WebUI里"高分辨率修复"卷展栏的功能。

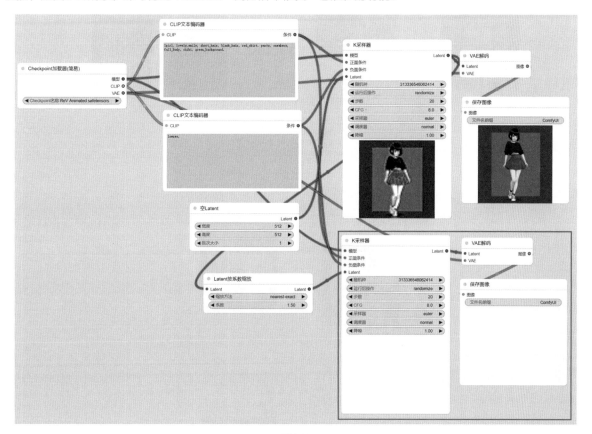

图8-30

03 单击"添加提示词队列"按钮，重绘图像，可以发现绘制出来的图像与放大后的图像效果差距较大，如图8-31所示。

04 在"K采样器"节点中，设置"步数"为35、"降噪"为0.50，如图8-32所示。

05 单击"添加提示词队列"按钮，重绘图像，这次可以发现绘制出来的图像与放大后的图像效果较为接近，如图8-33所示，并且放大后的图像质量有了明显的提高。

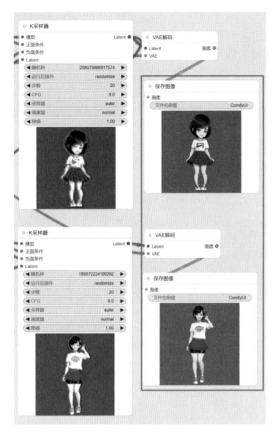

图8-31 图8-32

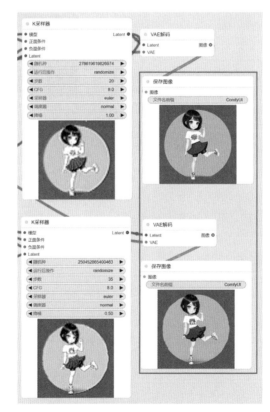

图8-33

06 在"空Latent"节点中，设置"高度"为768，如图8-34所示。

图8-34

07 单击"添加提示词队列"按钮，重绘图像，绘制出来的图像效果如图8-35所示。

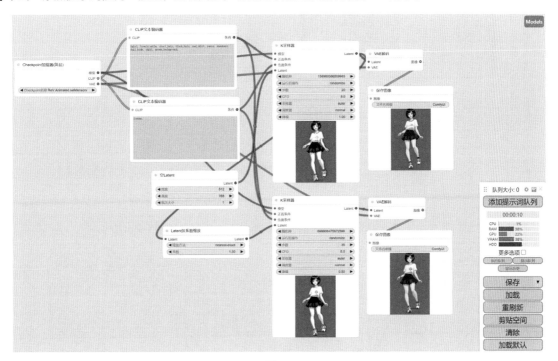

图8-35

> **技巧与提示**
>
> 由于AI绘画的随机性，读者会得到内容相似的不同图像效果。

8.3.3 补充 Lora 模型工作流

01 右击并在弹出的快捷菜单中执行"新建节点"|"加载器"|"LoRA加载器"命令，如图8-36所示，即可添加一个"LoRA加载器"节点，并将其与"Checkpoint加载器（简易）"节点进行连接，如图8-37所示。

图8-36

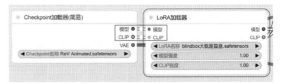

图8-37

02 将"LoRA加载器"节点与工作区中的两个"CLIP文本编码器"节点进行相连，如图8-38所示。

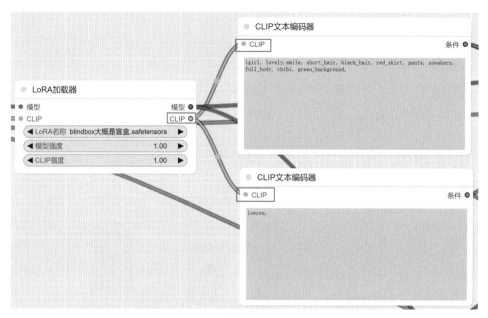

图8-38

03 将"LoRA加载器"节点与工作区中的两个"K采样器"节点进行相连，如图8-39所示。

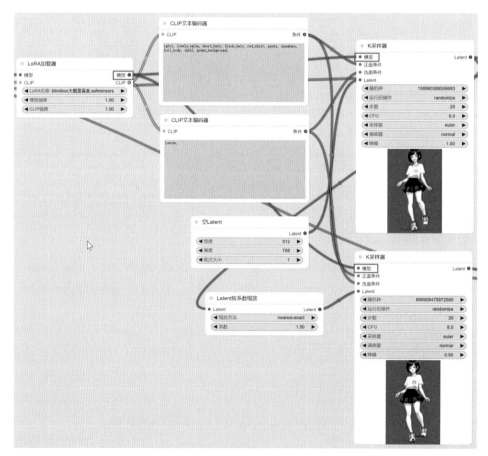

图8-39

04 在"LoRA加载器"节点中，设置LoRA模型为"blindbox大概是盲盒.safetensors"，如图8-40所示。

图8-40

05 单击"添加提示词队列"按钮，重绘图像，绘制出来的图像效果如图8-41所示。

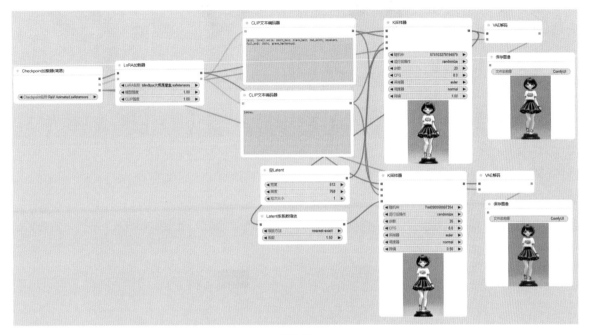

图8-41

06 本实例绘制出来的图像最终效果如图8-42所示。

图8-42

8.4
综合实例：在 ComfyUI 中制作视频动画

本实例为读者讲解如何在ComfyUI中生成一段视频动画，通过该实例，我们既可以复习AnimateDiff

的操作步骤，又可以学习如何在ComfyUI中搭建文生视频工作流。图8-43所示为本实例制作完成的视频序
列帧。

图8-43

8.4.1　搭建文生视频工作流

01 启动ComfyUI后，单击界面上方左侧+号形状的"New workflow"按钮，如图8-44所示，新建一个工作流，
如图8-45所示。

图8-44

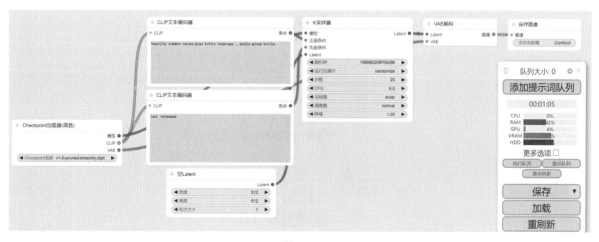

图8-45

02 右击并在弹出的快捷菜单中执行"新建节点"|"AnimateDiff Evo"|"Gen1节点"|"AnimateDiff加载器
Gen1"命令，如图8-46所示，即可添加一个"AnimateDiff加载器Gen1"节点，并将其与"Checkpoint加载器
（简易）"节点进行连接，如图8-47所示。

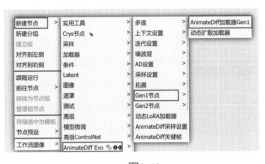

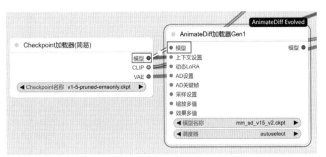

图8-46   图8-47

03 将 "AnimateDiff加载器Gen1" 节点与 "K采样器" 节点进行连接，如图8-48所示。

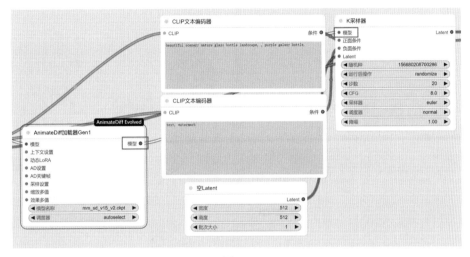

图8-48

04 将光标放到 "VAE解码" 的 "图像" 属性上拖出一条线，如图8-49所示。

05 在自动弹出的菜单中执行 "搜索" 命令，如图8-50所示。

图8-49   图8-50

06 在 "搜索" 对话框中输入 "动态" 后，在搜索结果中选择 "动态扩散合并" 选项，如图8-51所示，即可添加 "动态扩散合并" 节点并自动连接至 "VAE解码" 节点上，如图8-52所示。

图8-51

图8-52

07 设置完成后，一个文生视频工作流就搭建完成了，如图8-53所示。

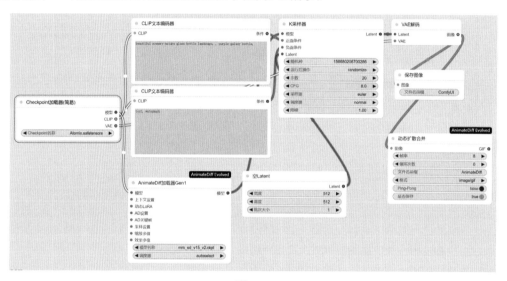

图8-53

> **技巧与提示**
>
> 　在默认工作流的基础上只需要再添加两个节点，就可以变成文生视频工作流。

8.4.2　使用文生视频工作流来生成视频

01 在"Checkpoint加载器（简易）"节点中，设置模型为"Atomix.safetensors"，如图8-54所示。

02 在"AnimateDiff加载器Gen1"节点中，设置"模型名称"为"mm_sd_v15_v2.ckpt"，如图8-55所示。

图8-54

图8-55

03 在两个"CLIP文本编码器"节点中分别输入正向提示词"1girl, smile, black_hair, short_hair, upper_body, seaside, white_skirt, blue_sky, cloud, "和反向提示词"normal quality,worstquality,low quality,lowres, ", 并提高这些反向提示词的权重均为1.5, 如图8-56所示。

04 在"空Latent"节点中, 设置"宽度"为512、"高度"为768、"批次大小"为16, 如图8-57所示。

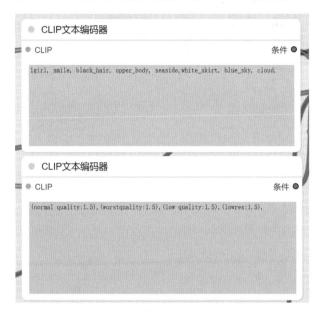

图8-56

图8-57

05 单击"添加提示词队列"按钮, 生成的视频效果如图8-58所示。

图8-58

8.4.3　使用图生图对序列帧进行重绘

01 启动WebUI界面, 在"模型"选项卡中, 单击"Atomix"模型, 如图8-59所示, 将其设置为"Stable Diffusion模型"。

图8-59

> **技巧与提示**
>
> 重绘选择的模型要与生成视频所用的模型一致才可以得到理想的视频效果。

02 在"图生图"选项卡中输入正向提示词"1女孩，微笑，黑色头发，海边，蓝天，云"后，按Enter键则可以生成对应的英文"1girl,smile,black hair,over the sea,blue_sky,cloud,"。再输入反向提示词"正常质量，低分辨率，低质量，最差质量"后，按Enter键则可以生成对应的英文"normal quality,lowres,low quality,worstquality,"，并提高反向提示词的权重均为2，如图8-60所示。

图8-60

03 在本地硬盘上的D盘创建一个名称为input和一个名称为output的文件夹，在"批量处理"选项卡中，设置"输入目录"和"输出目录"至图8-61所示。

图8-61

04 在"生成"选项卡中，设置"迭代步数"为35、"宽度"为512、"高度"为768、"重绘幅度"为0.3，如图8-62所示。

图8-62

05 在"重绘尺寸倍数"卷展栏中，设置"尺度"为2，如图8-63所示。

06 在ADetailer卷展栏中，勾选"启用After Detailer"复选框，设置"After Detailer模型"为"face_yolov8n.pt"，如图8-64所示。

图8-63　　　　　　　　　　　　　　　　　　　　图8-64

07 单击"生成"按钮，即可开始对序列帧进行重绘，如图8-65所示。

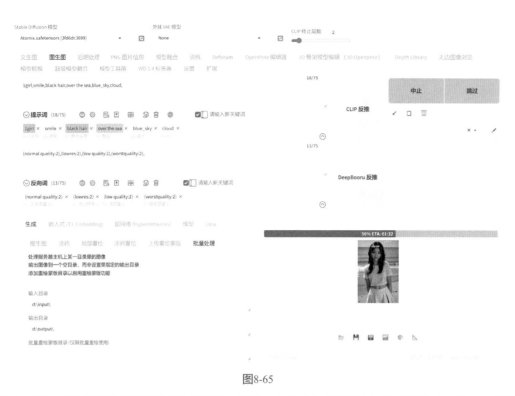

图8-65

08 重绘完成后，序列帧图像仍然可以保持较好的一致性，并且图像的质量有了明显的提升。图8-66所示为重绘前后的效果对比。

图8-66

技巧与提示

    读者学习完AI视频动画制作后，不难发现，有的大模型虽然可以绘制出质量非常高的图像，但是用于生成视频时却感觉画质差了许多，这时将序列帧进行批量重绘，则可以有效提高视频的画质，并且还可以增大视频的分辨率。对于角色视频动画而言，我们还可以使用一些换脸插件来更改AI虚拟角色的面容。
